突破安全生产瓶颈

谢雄辉 著

北 京
冶金工业出版社
2020

内 容 提 要

本书基于作者多年安全生产管理经验和安全管理理论知识，在对现阶段安全生产形势及原因进行细致分析，并借鉴国内外优秀安全生产企业案例的基础上，着重介绍了突破安全生产瓶颈的管理方法和模式，即以全员安全生产责任制、构建双重预防机制为基础，借鉴军事化管理系统思维和方法，从"严格准入、严格培训、严格受控、主动关怀"等四个维度实施安全生产准军事化管理，实现风险可控、全员安全意识的转变和安全行为习惯的养成，并以具体矿山安全管理为实例，说明了安全技术成果高效转化和人的本质安全标准快速复制的具体方法，弥补了安全理论与实践活动之间的间隙。

本书可供从事生产活动的企业借鉴推行或专业安全培训机构作为安全生产管理培训教材使用，也适用于从事生产活动的管理者和一般人员阅读参考。

图书在版编目 (CIP) 数据

突破安全生产瓶颈/谢雄辉著 . —北京：冶金工业出版社，2020. 1

ISBN 978-7-5024-8281-7

Ⅰ. ①突…　Ⅱ. ①谢…　Ⅲ. ①安全生产—生产管理—研究　Ⅳ. ①X92

中国版本图书馆 CIP 数据核字 (2019) 第 221343 号

出版人　陈玉千
地　　址　北京市东城区嵩祝院北巷 39 号　邮编　100009　电话　(010)64027926
网　　址　www.cnmip.com.cn　电子信箱　yjcbs@cnmip.com.cn
责任编辑　张熙莹　美术编辑　郑小利　版式设计　禹　蕊
责任校对　卿文春　责任印制　李玉山
ISBN 978-7-5024-8281-7
冶金工业出版社出版发行；各地新华书店经销；三河市双峰印刷装订有限公司印刷
2020 年 1 月第 1 版，2020 年 1 月第 1 次印刷
169mm×239mm；10.5 印张；148 千字；152 页
56.00 元
冶金工业出版社　投稿电话　(010)64027932　投稿信箱　tougao@cnmip.com.cn
冶金工业出版社营销中心　电话　(010)64044283　传真　(010)64027893
冶金工业出版社天猫旗舰店　yjgycbs.tmall.com
(本书如有印装质量问题，本社营销中心负责退换)

序

安全伴随着人类文明进步和发展的全过程。无论是原始人类掌握火种以御群兽，还是华夏先祖北筑长城以守藩篱，无不是在不断追求更高层面的安身与安心。从某种意义上来说，正是对生存的强烈渴望，倒逼人类文明不断更新向前。即便人类文明迈入智能化时代的今天，变的也只是越来越先进的技术让我们"活得更好"，不变的仍然是"活下去"这个最原始的本能。

在人类从事生产活动的各领域中，矿业作为一个传统的劳动密集型产业，是高危行业之一。就其行业属性而言，它是国民经济的基础性产业，国民经济快速增长对矿产品的"爆发式"需求，使一些地方出现有"水快流"、无序开采、乱采滥挖的现象；一些企业出现重利益、重扩张、轻安全、无视规则、践踏法律、漠视生命等问题，因而一度导致矿业领域各类事故多发频发。随着时代的进步、经济的发展、社会的变迁、形势的变化，党和政府对安全生产工作提出了新的、更高的要求。目前经济发展方式已经发生重大转变，人民群众对安全有了更高的期盼，他们对安全生产的关注度越来越高、对事故的容忍度越来越低，新闻媒体和社会各方面对安全生产工作的监督越来越严，这使得矿业企业做好安全生产的任务更加繁重、更加紧迫。

就安全生产工作而言，多年来尤其是党的十八大以来，各地区、各有关部门和单位以及社会各方面在党中央、国务院的坚强领导下，做了大量工作，取得了明显成效，事故总量大幅度下降，重特大事故明显减少，全国的安全生产形势持续稳定好转。在这其中起引领性、决定性的因素，是习近平总书记关于安全生产所作的一系列重要论述

和指示，尤其是关于坚守生命红线，建立健全和落实"党政同责、一岗双责、齐抓共管、失职追责"的安全生产责任体系，构建双重预防性工作机制，推动安全生产工作关口前移等重要论述，是安全生产理论的重大创新，也是习近平新时代中国特色社会主义思想的重要组成部分。

思想是行动的先导，也是个"总开关"。思想一通才能一通百通。所以我们强调，安全是相对的，危险是绝对的，企业抓好安全生产，首要是从思想深处、灵魂深处紧绷安全生产的弦。作为企业管理者要有"精神洁癖"，才能不拿着"带血的 GDP"沾沾自喜；要有"黛玉葬花"的多愁善感，才会有如履薄冰的敏感；要有苦行僧式"地狱不空，誓不成佛"的宏愿，才能有抓好安全的决心和毅力。

应该说，党的十八大以来形成的安全生产良好氛围和高压态势以及践行新发展理念、推进供给侧改革、推进高质量发展，宏观上使得一大批低水平、粗放式、无安全保障的企业淘汰出局，达到了去莠存良的目的。但在微观个体上，人这个"不稳定因素"仍然是安全管理的制约因素。

人口最密集的地方就是安全管理的出发点和落脚点。因此，打通安全生产的"最后一公里"，关键在基层、在现场、在一线，最好的办法就是到实践中去"摸活鱼"、向一线骨干"拜师傅"，在许多经验、教训中去"采蜂蜜"。

很显然，雄辉同志的这本册子就是这样来的，它源于一线又高于一线，以管理学、组织行为学、军事指挥学、心理学等多门类视角，审视、分析安全生产工作，许多观点我也是头一次听到，令人耳目一新。

该书一大特点即在于，它的发力点不在于形成一套通用的方法论，而是在努力塑造和表达一种世界观。模式可以照搬，制度能够模仿，但世界观却是一个人或一个团队的精神标识。如果以这个角度和他们提出的"零工亡、零伤害、零职业病"目标看，雄辉同志和他所在的

紫金矿业管理团队，已经做好了打赢安全生产这场持久战的决心和准备。

该书的另一大特点，则是语言富有强烈的情绪感染力，或扼腕痛惜、或戟指嚼舌，尽吐胸中块垒，无一点矫揉造作，更无一点八股气。可想而知，作者是带着"情怀"在行文，这种情怀应该是在遍览了许许多多个本不应该发生的安全事故后，对生命无常的深深敬畏。

是的，君子之心、常怀敬畏。因为在安全生产的道路上，真正影响我们前行的，可能不是前面嵯峨崎岖的"蜀道"，而是鞋子里的一粒微不足道的砂砾。

因此，希望每一个人都应该常怀敬畏之心，对大地、对阳光，对蜉蝣、对尘埃。

以此与雄辉同志共勉！

2018 年 12 月

前　言

从事高危行业20多年，耳闻目睹了不少血淋淋的事故，许多家庭因此而梦碎。我曾遭受过两次工伤，最严重的一次右脚拇趾粉碎性骨折，三个月都靠左腿金鸡独立，万幸后遗症不严重。然而一个年轻晚辈却没有那么幸运，坐摩托车没戴安全帽，不幸车翻了，更不幸的是头触地，当场深度昏迷，几天后停止了呼吸，留下悲痛欲绝的亲人。

常思考安全问题，从小父母就不厌其烦地提醒我们要注意安全，家里对联贴得最多的也是出入平安，为何现实对我们总是很残酷？血淋淋事故背后的幽灵时刻侵扰我的脑海，挥之不去。天灾也许很难避免，但是绝大部分事故都不是这些难以抗拒的因素引发的！大部分事故只要稍微注意点，就完全可以避免！也许只要走开几步路，也许只要戴个安全帽，也许只要戴个口罩，也许只要往后看一眼，灾难就会远离。

失眠之夜，自问自答，难于自圆其说，事故的根源到底何在？是个人自身素质问题，还是外部环境问题，抑或是自然宿命？百思难得其解。

2017年分管安全生产后，开始系统自学安全生产管理知识，费了九牛二虎之力通过了安全资格证考试和国家注册安全工程师考试，渐渐对安全生产管理有些理解；也学习了杜邦安全管理、组织行为学、心理学等课程，听了不少国内外安全生产管理专家教授们的讲座，总结实践，终于体会到安全生产的任重道远。

深入挖掘发现，绝大部分事故背后都存在人的不安全行为，而且基本都是违章作业。可是"反三违"一直都在抓，为何违章还是屡禁不止？为何严厉处罚并没有实质性降低"三违"的发生？究其根本原因在于多数从业人员并未养成良好的安全行为习惯！而未养成的原因有个人认识、方法执行及社会大环境等因素。

从个人的角度看，大多数人既没有认识到安全生产的重要性，也不知道怎么才能有效地保护自己和他人，在行为惯性的驱使下，习惯性违章成为自然。回想自己的成长历程，从小到大安全教育一直较为缺失，基本"我行我素"；参加工作后虽略有接触，但仍没有系统的安全概念，跟随同样懵懂的上级们稀里糊涂地干，导致自己遭受两起工伤；直到担任矿长后，经过培训才略通一二，但仍一头雾水。作为在农业文明环境下成长起来的一代，我们放下锄头即拿起榔头，内心深处只依稀记得老父母"平平安安"的叮咛，毫无安全生产的概念。

从方法的角度，21 世纪初我国开始推行安全标准化、隐患排查治理等很好的方法，近些年做出了一系列重大决策部署，大力倡导安全发展，推行风险分级管控安全生产管理技术，陆续取得了不错效果，全国安全生产形势呈持续好转的态势。但总体形势还很严峻，生产安全事故仍频发，如 2019 年上半年危化品爆炸事故尤为突出，可以说，成效还是没能赶上人民的安全需求。为什么会这样？毫无疑问是方法执行环节出问题了。犹如所有老鼠都知道在猫身上安装一副铃铛可以提高大家的安全系数，可是谁有办法做到呢？办法再好，若无法实施或没有得到正确执行，一切皆空。

同时，社会大环境仍普遍缺乏安全文化氛围。所谓"安全第一"，往往只是说说而已。从部分管理干部的工作安排上就可以看出，无论是工作的优先顺序还是人、财、物资源的配置都无法真正体现"安全第一"，安全被边缘化，个别领导干部甚至认为安全只是安全管理人员的事。安全责任重于泰山，安全生产这个烫手山芋，人人畏惧、避之不及。在这种大环境下，安全生产自然就处于说起来重要、做起来次要、忙起来不要的尴尬境地了。

党的十八大以后，党和国家重视安全生产的程度达到空前，在这种形势和现实中慢慢认识到管安全首先要控风险，把风险控制到可接受的程度就是安全，因为安全是相对的，风险是绝对的。搞清楚安全与风险的关系之后，如何控风险又是一个新课题。2016 年底，中共中央、国务院发布《关于推进安全生产领域改革发展的意见》，提出了一系列指导原则，提出了构建风险分级管控和隐患排查治理双重预防机制，若在此指导原则下正确地开展工作，安全生产问题必可迎刃而解。但是，大家能否按要求去做？如何才能在较短的时间内达成目标？管理学家研究认为，人类认识到一件该去做的事，最终能主动做成的概率不超过 10%，也就是说原生性内生动力无法确保群体实现这一有难度的目标。原因是"人之初、性本惰"！我们潜意识底层的原始本能无时无刻都在指示我们要节约能量、能懒则懒。潜意识的力量是意识的数万倍，靠意识强制自我进化会很艰难，这种抗争往往以潜意识胜利而告终。这也是为什么许多领导干部虽然也认识到安全的重要性，但是最终绝大多数都铩羽而归的一个重要原因。

为了破解这个难题，笔者曾经对大量优秀安全生产企业进行过比对、考察、求教，发现他们普遍有一些共同的特征，包括"一把手"真正重视、良好的安全生产氛围、员工参与度高等。进一步挖掘发现，这些企业光鲜的背后是长期的付出，都是厚积薄发的过程，有些是大规模的装备升级，有些是巨大的技术进步，有些是人员安全素养的提升，有些是无比严格的管理，还有些是责任关怀激发了内生性动力。成功路径不同，但都离不开全员主动意识和参与程度这些关键因素。如同治病，虽须对症下药，但适度自我锻炼提高免疫力却是通用医嘱，无论感冒还是糖尿病都适用，且是成本最低、效益最高的治疗方法。

"准军事化"正是提高全员安全生产免疫力的重要方法。总结"准军事化"管理，发现"严格准入、严格培训、严格约束、爱兵如子"是其精髓，即严格要求与主动关爱相结合。这种管理思路并非今人首创，其渊薮我们可以在抗倭名将戚继光的《纪效新书》中找到。戚家军单兵作战能力可能不如倭寇，但组队成阵却威力无比，可对付成倍

的敌人，几乎达到冷兵器时代小兵团作战的巅峰。究其成功原因，就在于通过体系化训练管理，严把选兵、练兵、为将、约束、奖罚、兵械等关口，最终使三流人才快速形成一流的战斗力。在弱肉强食的丛林法则时代，包括戚继光治军方法在内的军事化技术经历了血与火的实战考验，无疑是很有借鉴意义的。在绝大多数人都尚未形成安全行为习惯和从业人员流动性高的大背景下，我们的安全管理面临着与戚继光治军同样的问题，即如何通过系统锻炼快速高效养成安全行为习惯。一味高压或者一味奖惩都无法实现长治久安，只有依靠系统化手段培养安全行为习惯才能从根本上解决问题。安全行为习惯养成是全员安全化的前提；全员安全化之后，"人人都是安全员"才有保障，才能在其他技术、装备的配合下最终进化到本质安全。

基于前述认识，笔者花了大量时间探索分析安全生产形势依然严峻的现状及其原因，寻求打通"最后一公里"的突破路径；在学习安全管理理论知识的基础上，总结国内外优秀企业管理经验，对安全生产认识进行了重构；针对现状，利用人性的优点和组织的力量，提出了突破人性弱点的关键；重点在于阐述了人的安全行为塑造方法，即在实行全员安全生产责任制、构建双重预防机制等必要基础工作的同时，借鉴军事化管理系统思维、方法，从"严格准入、严格培训、严格受控、主动关怀"等四个维度实施安全生产准军事化管理，实现先进安全管理技术的高效转化和人的本质安全标准快速复制，最终达到人、机、环的和谐共处，把风险控制在可接受范围，实现全员安全意识的转变和安全行为习惯的养成。

衷心感谢紫金矿业这片沃土，是它对安全生产一以贯之的重视和探索催生了这本小册子。在这本小册子的写作过程中，获得了紫金矿业集团股份有限公司、低品位难处理黄金资源综合利用国家重点实验室、福州大学紫金矿业学院、新疆阿舍勒铜业股份有限公司等诸多的帮助，还吸收总结了紫金集团其他单位好的做法，同时也得到陈景河先生、蓝福生先生、陈勇先生、林荣平先生、夏承成先生及沈泉生、温文富等同仁对本书的帮助和支持，在此一并感谢；也要感谢罗云教授、宁尚根教授、吴宏彪先生、张涌先生、蓝飞燕女士等，他/她们的培训交流给了我许多启发和应用；还要感谢谢梦涵绘制了直观的动漫草图助力文章内容的理解；最要感谢的是我们成千上万的建筑行业和矿业行业的兄弟们，他们为本册子提供了很多现实素材，同时这本小册子若能对他们日常工作有一些实实在在的引导提示作用，则善莫大焉。

当然，安全管理是一个永无止境的课题，仁者见仁、智者见智，对于书中观点，读者尽可将其视为一名安全管理人员的工作总结，全方位提出批评指正意见。

作 者
2019 年 6 月

目　　录

1 现　象

1.1 数据背后

1.1.1 近年安全生产形势

1.1.1.1 难以下降的事故起数

据应急管理部统计司统计，2018 年一季度，全国共发生各类生产安全事故 8490 起、死亡 6329 人；6 月 8 日公布了 1~5 月全国安全生产形势，根据该通报材料可以看出，虽然各类生产安全事故起数和死亡人数同比分别下降，但是，全国安全生产形势依然严峻，尤其是进入 5 月以来，全国较大事故环比上升，其中煤矿、金属非金属矿山、工贸行业、道路运输、水上运输较大事故均环比上升。水上运输事故总量、较大事故、重大事故均同比上升；化工较大事故起数、死亡人数同比"双上升"；煤矿事故总起数、较大事故起数同比上升。

1.1.1.2 伤亡人数

原国家安全监管总局局长王玉普先生在 2018 年 1 月 29 日全国安全生产工作会议上披露，2017 年全国发生各类生产安全事故 5.3 万起、死亡 3.8 万人，超过新疆维吾尔自治区的一些县的人口。伊吾县人口 1.9 万人，全国一年的安全生产死亡人数相当于 2 个伊吾县。

根据《中华人民共和国安全生产法》，消防安全、道路交通安全、铁路交通安全、水上交通安全、民用航空安全等属于适用特别规定的，未必纳入了上述统计范围。道路交通安全的死亡人数最近几年很少统

一公布，据有关资料显示，1990～2014 年 25 年年平均死亡 7.3 万人，如根据《道路交通运输安全发展报告（2017）》，2016 年我国发生道路交通安全事故 212846 起，63093 人死亡、226430 人受伤。从全国来看，道路交通安全事故死亡人数占总人口比率不到万分之一，好像不大，但是，对于当事的家庭和亲人来说，那就是百分之百。很多逝者都是家庭的顶梁柱，顶梁柱倒了，这个家也就毁了，年迈的双亲、嗷嗷待哺的幼儿可能将遭受人间少有的苦难！

1.1.2　员工流动现状

建筑工程、矿业企业普遍存在超高的人员流失率。调查表明，建筑业从业人员年流失率平均高达 40% 以上，建筑工地的短工化现象严重。通常稳定在一个工地务工的工人比例不足一半，一年能稳定在一个工地的员工不超过 40%，最严重的地区只有 20%。超过一半的工人平均每两个月就要轮换一个工地。

某企业的一个工程项目部一年时间离职了 548 人，而平常用工人数 323 人，也就是说一年时间人员轮换了 1.5 次，离职率高达 84%。整体企业工程承包队伍总的离职率达 47.53%，也就是说作业人员基本上一年换一遍。

居高不下的员工流失率必然导致企业不可能在新进员工安全教育培训上有大手笔投入。在这方面中国企业无法与外国企业相比。抛开发达国家本身国民安全素质就比较高的因素外，新员工进入工厂后都要接受系统严格的安全训练。比如，日本的本田公司，任何员工进入公司，不管博士、硕士还是其他更高水平的专家，都必须接受长达半年时间的安全教育，花费在新入职员工身上的安全教育经费人均达 400 万日元。中国企业没有哪家能做到，建筑业、矿业更不可能。为什么？因为日本基本上属于终身雇佣制，前面多花费点安全培训费用问题不大；但这对中国企业可能就不太现实，如果人人都要这样培养，估计很多企业都要破产。比如某 500 人的工程项目，平均人员流失率 30%（行业平均超过 40%），如果每个人都要投入 30 万元人民币进行入职培训，仅仅培训费用就高达 4500 万元，没有几个企业能承受得起。

人员流失率高的原因很多，薪酬是一个方面，还有其他非薪酬因素也严重影响人员稳定。美国企业有人研究后认为员工离开企业最主要的因素是与直接上司关系没处好。中国企业也许不一样，经济原因估计是很重要的因素，毕竟中国的社会保障程度还很低，生存的压力时刻逼迫着底层的务工人员，特别是建筑行业，50%从业人员没有工资结余，大家都期望明天过得更好，工资显然是重要考量。除工资的具体数额外，工资发放是否及时、方法是否便捷等也对队伍稳定性有一定影响。即使这样，与上司的关系、薪酬以外的其他因素依然是人员流失的重要因素，特别是薪酬能得到基本保障的企业更是如此，这些因素包括是否睡得好、是否吃得好、同事之间的关系是否紧张、工作是否被尊重等。

1.2 上下为难

1.2.1 领导的忧愁

在应急管理部成立之前，只要看省、市、县领导的分工就知道其资历和地位，比如，分管安全生产的领导，要么资历尚浅、要么排名靠后。对此现象，我们可以有多种解读，其一，可以说正因其资历尚浅，所以要给压力、挑重担、多锻炼，这是帮助干部成长的良苦用心；其二，也可能是出于一种利益权衡的考量，这与国家反复强调的"安全第一"不太一致，从生产安全事故发生后，不同领导因分工的不同而受处理的结果千差万别，或许可以找到答案。总之，分管安全生产的领导常常战战兢兢、如履薄冰，生怕哪天发生大的安全生产事故毁了前程，压力较大。

企业、事业、社团等机构的分管安全生产的领导相比行政机构分管安全生产的领导略微会好过些，虽然更直接，不过范围小很多，工作内容也不会那么多，可以更加专注些。但是，也过得胆战心惊，最害怕的是深更半夜突然来电话，搅得一夜无眠。时间长了，有些会得神经衰弱症，严重者会得抑郁症。如果没有强大的心理承受能力，做安全生产管理的确是个折磨。

　　企业主要领导在安全生产上同样是天天过着担惊受怕的日子。某工程公司老板道出了大家的心声，他说："我也知道安全的重要性，也做了班前会讲安全，周例会也讲安全，但没有落实到位，不尽人意，每天都提心吊胆地过着，就怕会出安全方面的事，每天都这样担惊受怕，只有等到过年他们平安回去过年的时候，心里才落了块石头一样，心情才能轻松，这样过真的太累了，但又无可奈何。"

　　为什么会出现这种情况？除了国家监管体制的缺陷之外，部分管理人员对安全生产工作"心有余而力不足"也是一大原因。不能否认，我们大部分管理人员是真的想抓好安全生产，他们认真敬业，但可惜缺乏系统的、科学的安全管理素质，于是乎虽然一天到晚忙个不停、战战兢兢，但事故发生率就是降不下去。长此以往，也无怪乎有些领导慢慢开始怀疑管理科学，转向神灵寻求庇佑。

1.2.2　员工的烦恼

　　笔者从事现场施工管理时常住工棚，特别是道路、桥梁施工，往往在郊区，一般都要自己搭建临时设施。若能租到村民的房屋，条件相对较好，活动板房条件也不错。

　　笔者最惨的是一次在苏州施工，住的是用竹子搭建的工棚，潮湿不堪、四面透风，冬天宿舍内脸盆水会结冰，几乎没有保暖功能。一间宿舍放六七张架子床，十几个人挤在一起，一进门脚臭味扑面而来，衣物也挂得到处都是。遇上夜间打鼾的工友，更是整夜无法入眠。但那时还年轻，身体素质还不错，蜷缩着睡也能凑合，但也时常被冻醒。经常看到同屋年龄偏大的同事因为晚上睡不好第二天眼睛发红。从早到晚，一天工作 10 小时以上是常态，工作之余就蜷缩在拥挤凌乱、冬冷夏热的工棚里。新来的工人，因为忍受不了这样的生活环境，不少第二天就卷铺盖走人，留下的则是有家庭、生活压力比较大的中老年汉子，孩子学费等着，忍忍就习惯了。生活条件恶劣往往还能忍受，拖欠工资让人很难承受，特别是孩子的学费不好欠，老人的药费更不能拖。所以，看到铁汉流泪也是常有的事儿。

这些背井离乡、风餐露宿的建筑工人们，贡献了城市的繁荣，而他们自己却要忍受着恶劣的生活工作条件，外加随时可能被拖欠的低廉薪酬，这种状况绝非炎炎夏日悠然享受空调清凉的人们所能想象的。平常无法好好休息，时常面临巨大心理压力，还要承担高危作业，试问，这种状态下作业有几个能有好心情呢！有时候想死的心都有，还能指望他们将安全措施落实到位吗？

1.3　错误认识

1.3.1　安全第一？

1.3.1.1　真的把安全当作第一了吗？

到企业调研，询问企业负责人安全生产方针，绝大部分都知道"安全第一，预防为主，综合治理"。党的十九大之后的安全理念是"生命至上，安全第一"。问他们是否重视安全时，几乎每个人都说重视，估计也没人敢回答不重视。问如何重视，回答说每次会议都会强调重视安全。接着问如何强调的，大部分不正面回答，翻翻他们的会议纪要，多数是这样记载的"请大家务必高度重视安全"。怎么样才算"高度重视安全呢？"不清楚。再问企业负责人为安全生产投入了多少时间和精力，采取过哪些有效措施时？有些开始答非所问了，心

理素质较差的开始冒冷汗了。若要继续追问，还有更多真相可以揭示。

如果一个企业负责人一年到头除了出席几次安全大检查反馈会，例会中强调一下"务必重视安全"，偶尔应付一下各级政府的安全检查，与各级安监部门处理好私人关系之外，不参与其他安全生产活动，不主动学习安全生产知识和技能，怎么能说做到了安全第一？怎么能说"高度重视安全"？没有行动保障的"安全第一"只会变成口号。

1.3.1.2 真正的安全第一

为什么会出现这种情况？是他们真的对安全工作不重视吗？是他们有意说一套做一套吗？显然多数情况下也不是。作为负责人，他们的日常管理工作确实很忙，安全管理往往是"重要但不紧急"的事，本身容易被忽视，等到认真起来时，发现堆积的问题太多，来不及了。

当然，最根本的原因还是没有真正理解"安全第一"的含义，没有把自己导入"安全优先"的轨道，利润最大化的思维惯性在主导其日常工作选择。同时，大部分企业也没有"安全第一"的制度保障，考核的权重依然过分注重"量、本、利"，安全指标要么没有，要么蜻蜓点水，相关的机制无法诠释"安全第一"的重要意义。

与国内上述情况不同的是，澳大利亚的企业在安全方面的规定可谓是旗帜鲜明、掷地有声。比如规定："没有业务目标可以凌驾于我们员工的健康与安全之上；如果一项任务不能安全地完成，就不需要完成。"其配置的安全管理人员是公司技术能力最强的人，几乎什么岗位都干过，非常熟悉现场。而国内企业的安全生产管理部门常常被边缘化，资源配置很难保障有效运行。

1.3.2 结果与目标？

1.3.2.1 难于实现的目标

多数企业每年都会编制计划，产量计划、销量计划、成本计划、利润计划这几个估计少不了，除此之外，不同的企业还有其他相关指标。从管理的角度看，安全指标，特别是高危企业一般也少不了。有些企业为了凸显安全生产的重要性，每年在签订经济责任制时也会签署安全责任状。我们常会在安全责任状上看到这样的表述："工作目标：实现零工亡、零职业病"或者"工作目标：工亡人数同比下降50%"。

只要看到这个，可以大胆推断，他们的目标基本上实现不了，即使碰到一回两回没有出事，那也就是瞎猫碰到死耗子，绝对不可能持续。为什么？因为这是"砖家"编制的责任状，搞不清楚什么是"结果"，什么是"目标"。这样的责任状用来作秀可以，实际上对安全管理很难有实际用途。

1.3.2.2 难以改变的结果

安全生产管理是一个庞大的系统工程，人的问题、物的问题、环境的问题、技术的问题、管理的问题，方方面面都要考虑。如果没有脚踏实地、一步一个脚印，不可能做好。没有方方面面的支撑，高喊着"我要实现双零"，其实与"白日梦"无异。不少企业喊"双零或三零"多年，然而，工亡人数年年接近，并无实质性下降。

原因何在？在于没有方法、没有路径、没有努力，天上自然不会掉馅饼。人类的很多行为都是如此，越是刻意追求的往往越得不到，因为在刻意追求的过程中往往会陷入目标与结果不分的误区，把结果当做目标，忽视过程的艰巨性，自然结果很难实现。

1.3.3 不知危险的后果

60%以上的事故似乎都是"没想到"的。一起工亡事故发生后，听到最多的一句话是："怎么会这样！"满脸发懵。上海闵行某工地清理下水道时发生一起接二连三中毒事故，听到的第一句话就是："怎么会这样？"看到网络上一起倒车把亲人压死的交通事故第一反应往往是："怎么会那么傻！"充电时接打手机发生触电事故后，大多数人对此事故的第一反应也是："怎么那么倒霉！"

为什么很多人听到这些事件后普遍反应是"没想到"？与其说"没想到"的是事故本身，不如说"没想到"的是事故背后的潜在风险和对风险的侥幸心理。一言以蔽之，"无知者无畏"。

家有小孩的父母都知道，有些孩子特别是男孩子出于好奇，经常

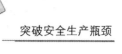

喜欢拿手指戳电源插座的眼，而成年人是不会做出这样危险的行为的，除非大脑有问题。

为什么？答案很简单，成年人知道危险；而小孩没有这个概念，觉得好玩就行。同样地，我们回忆自己过往的人生经历时，绝大部分人估计都干过事后觉得后怕的事，而当时做的时候一般都不觉得多么恐惧。很多老司机，车开得越来越慢，也源自同样的道理：随着知识的不断积累、阅历的不断丰富，冒险行为就会越来越少。有统计分析发现，新入职员工导致的事故率接近4成。

1.3.4 这些观念对吗？

在调研中发现，有些企业负责人认为矿山哪有不出事故的？地采矿山矿长当5年以上的，估计没有人没遇到过工亡，这么看好像这种"事故无法避免论"观点有点道理。还有人认为安全投入是赔本的买卖，安全生产确实需要一些投入，必然要花钱，如果将花出的这些钱看成是费用，那就有赔本的感觉。也有人觉得安全与生产是矛盾的，短期看确实可能会存在一些冲突，比如不安全不生产，又比如开除严重违章人员后一时可能找不到合适的人员补缺。有人认为安全管理是安全管理人员的事，既然有这个专业部门，当然它就应该对这项工作"挑大梁"。另有一些人认为安全没做好是因为处罚力度不够，处罚到让人痛才能有触动。还有人振振有词地说，员工素质那么低，我怎么有办法？更有甚者，认为安全管理主要是要应付好上级检查。上面这些想法在很多企业普遍存在，特别是中小企业，覆盖率很高。

种种似是而非、实则大错的观点显然不符合事实，全世界几十年没有出现工亡的矿山比比皆是。

1.4 低效管理

1.4.1 安全制度文件

1.4.1.1 无法理解的空言虚语

翻开我们的安全管理文件，从岗位操作规程、安全生产总结，到安全生产检查通报，甚至安全生产制度，通篇都是关于加强、加大、夯实、高度重视、定期检查、认真做好、认真落实、高度负责、切实抓好、及时落实、结合现状、深刻领会、迅速、加快、提高、努力、做好、务必、强化等字眼。这与食谱中的"盐巴少许"类似，北方厨师煮出来的菜，南方人怎么吃都咸得慌；南方厨师煮出来的，北方人吃起来没味道。这些字眼很正确，但是很空泛不切实际，而且有几个人能理解到位？什么才叫高度重视？每天花 8 小时是高度重视，花 1 小时也是高度重视，在会上强调一下也是高度重视。深刻领会更是玄乎其玄，什么是深刻，什么才叫领会？弦外之音究竟是什么？没有人能理解。

　　一千个人必然就有一千个哈姆雷特，同样的词语在不同的人耳朵里会有不同解释。犹如问孩子爱不爱妈妈，孩子说爱啊，接着问怎么爱啊？孩子跑过来在妈妈脸上亲了一口，这就是孩子所谓的爱。他手上的好吃的东西未必会送给妈妈吃。越是虚幻的词语，理解越容易不一致。这样的表达不说可能比说了要好，不说还不会让人联想翩翩，说了容易让人瞎猜，干扰主题，制造混乱。

1.4.1.2　难于操作的规程

　　从这些文件、材料、规程、制度中可以看出我们在精确方面的缺失。露天矿山车辆伤害是第一大事故，车辆安全控制完全可以定量化，比如可以规定车速在 20 千米/小时以内，车距 20 米以上。如果我们所有的安全管理文件也都能做到这样，那么我们就真正向安全生产迈进了一步。

　　也许把安全操作规程中 70% 的空言虚语（或"正确的废话"）抛弃，才更有利于聚焦重点、关键点，有利于安全生产。

1.4.2　作业人员来源

1.4.2.1　难以固定的人员

　　建筑和矿业均属传统三大高危行业，两者作业人员来源基本相似。这些行业之所以被列入高危行业，其实是行业特点与商业思维的必然产物。

以土建施工为例。土建项目有周期性，业务时间不好确定，业务量也不固定，且许多工作是劳动密集型的，但如果养一只庞大的土建队伍，日常维护成本很高，竞标竞争力就会下降。试想，如果突然有一个大单，人员需求很大；但万一哪天业务接不上，那么前面组建的庞大队伍就会拖垮企业。

这种风险除了央企估计没哪几家企业能承受得了。这种用工上的不确定性决定了土建行业必然会选择社会化（临时性）用工之路，毕竟干一天拿一天工资，没业务时期基本上不要承担人员费，负担会轻很多。有些企业还会让别人挂靠，或利用资质门槛通过分包、转包赚快钱，说到底也是出于这种商业利益。

如此一来，临时性用工的安全教育培训、劳动保护措施自然很难达标。

1.4.2.2 堪忧的文化素质

再从建筑工人自身文化素质来看。网络上有人调研分析过 2013 年建筑工人的现状。从全国范围来看，四川、河南、重庆、湖北、陕西、河北是建筑工人的主要输出大省，其中四川为中国建筑工人输出第一大省。建筑工地上以男性工人为主，女工占的比例不超过 10%。从年龄构成上看，20 世纪 60 年代~80 年代之间出生的人是当今建筑业工人的主要组成部分。从建筑工人的户口性质来看，超过九成的建筑工人是农业户籍；随着城市化的扩张，一些"农转非"的失地农民也加入建筑业的行列之中。建筑工人总体受教育水平不高，初中文化程度的群体占比为 49.1%，小学文化程度的占比为 27.1%，高中及以上文化程度的占比为 18.7%，其中 80 后、90 后新生代农民工的文化水平总体高于上一代农民工。建筑工人的做工方式仍以做天工为主（即计时工资），超过一半的工人是以此种方式来计算劳动量，其余两种方式为做包工（即计件工资）和点包结合的方式（即计时与计件工资相结合的方式）。从业年限方面，近一半建筑工人就业年限不足 5 年，其中，13.5% 的人为初次来工地务工。

上面是全国建筑行业的整体情况，下面是某家企业的具体情况：

施工队伍总人数 670 人。中专及以上 58 人，占总人数的 8.6%；初中 308 人，占 46.0%；小学 304 人，占 45.4%。50 岁及以上 81 人，占总人数的 12%；40~49 岁 241 人，占总人数的 36%。工龄 3 个月以内 230 人，占总人数的 34.33%，如图 1-1 所示。

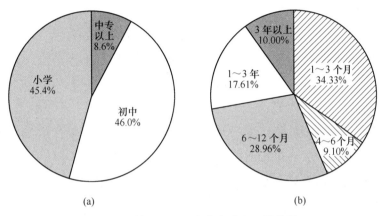

(a) (b)

图 1-1 某企业工人文化素质和工龄情况

无论是整体态势，还是单个分析样本，都一再表明：无论是建筑行业还是矿山行业，最危险的一线作业，通常由文化素质、安全素养相对较低的人员承担，而且新人占比高。这对企业而言，固然可以节约用工成本，但安全管理风险也随之增加。

1.4.3 安全教育培训

1.4.3.1 还须不断提升的安全基础教育

我们这一代人，绝大多数从小没有接受过安全教育。在 20 世纪 80 年代初期，刚刚改革开放，农村还沉浸在分田到户的喜悦中。村里小学好不容易东拼西凑起教师队伍，能凑合着认字、数数就不错了，白天教孩子学习的老师，晚上还要为孩子的爸爸妈妈们扫盲，老师们自身的见识都不够，哪有办法教孩子安全知识。好不容易考上了大学，同样也没有这方面的教育，即使在野外地质实习，危险性相对较大，还是没有人对我们进行安全培训。毕业后参加工作，在地质队参加野外普查，钻山沟、攀密林同样没有安全教育。后来在上海从事桩基础施工，还是没有任何安全培训。直到后来派驻到东北某矿山担任矿长

才开始接受较为系统的安全培训，这时才知道什么是三级安全教育。可以说在人生的前三十几年，安全教育几乎是空白。

而在发达国家，从小就开始安全教育。比如英国小学生守则包括：（1）平安成长比成功更重要。（2）背心、裤衩覆盖的地方不许别人摸。（3）生命第一，财产第二。（4）小秘密要告诉妈妈。（5）不喝陌生人的饮料，不吃陌生人的糖果。（6）不与陌生人说话。（7）遇到危险可以打破玻璃，破坏家具。（8）遇到危险可以自己先跑。（9）不保守坏人的秘密。（10）坏人可以骗。十条中有九条是关于保护好自己的具体措施。

中国小学生守则原版较为空泛，2015年修订版本较为具体，一共九条，但涉及安全的只有一条，即"珍爱生命保安全。红灯停绿灯行，防溺水不玩火，会自护懂求救，坚决远离毒品"，内容相对发达国家而言，还是不够具体。当然，守则归守则，我们欣喜地看到我国的基础教育系统正在不断改善，不断涌现一些具体的训练，这值得肯定。

安全需要从娃娃抓起，这已成为发达国家的共识。日本的小学生安全守则中没有提到安全，但是他们的日常教育却非常有针对性。日本教育界认为，小学是最适宜进行安全教育的时期，因为儿童最易接受安全指导并转化为行动，养成良好的安全习惯，如果错过了这个关键时期，将会在孩子今后的人生中留下极大的隐患。日本的安全教育内容包括生活安全、交通安全和灾害安全三个方面，根据学生的年龄阶段进行教育，并收到了良好的效果。

比如说，在班会中，教师常围绕有关生活安全、灾害发生时的安全防范、尊重生命、环境问题等设定一些主题，与学生开展谈话讨论，并采取多种形式进行安全指导。在指导时，教师还根据季节情况（特别是在暑期放假前），配合全校活动计划或者是抓住事故发生后的关键时机进行指导。

日本安全教育一个很大的特点是，发挥学生自主性，如组织大家对上学、放学路上的各种隐患进行实地调查，哪里行人稀少，哪里容易突然冲出车辆，哪里正在施工，等等；还让学生亲自参与实践体验，学校经常组织演习，当火灾、地震等重大灾害来临时该怎样面对，哪些做法是正确的，哪些是错误的，学生在实践中不仅学会了常识，更提高了能力。

相比之下，我们的安全基础教育存在巨大的差距。2018 年 7 月 5 日普吉岛翻船事故死亡 42 人，有人说，从新闻中发现很多人居然不知道救生衣的正确穿法。穿救生衣一定要把大腿根的那两根带子固定好（见图 1-2），如果只是像穿马甲一样套在身上是没有用的。因为身体在水里下沉，救生衣上浮，不系好这两根带子救生衣就会往上跑，不仅勒着脖子和肩膀，有浪打来，救生衣可能就脱了。

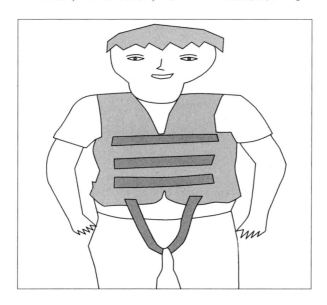

图 1-2　救生衣的正确穿法

说实话，我们很少人懂这些，能像马甲一样系好就不错了。

还有，很多人不会用灭火器，公共场合可能大部分有配置，但家庭有配置的可能就比较少，即使少数家庭有配置，能正确使用的也不多。本来应该是我们生活常识的东西，我们却悲哀地不知道。可见，我们在安全方面的基础教育缺失是多么严重。

1.4.3.2　应付式的三级安全教育

有一矿山外包工程队巷道施工采用斜坡道提升，某天夜晚提升操

作人员失误导致空车失控，造成下部巷道施工的两名出渣人员当场重伤。事故调查发现违章作业，再追查原因，发现刚入职两天就上岗，而且培训的岗位并非后来实际从事的岗位。该工人此前并未受过系统安全训练。短短两三天的培训怎能收到效果？即使按国家规定的72小时培训，也无法养成安全习惯。这里还没有考虑培训质量问题，若再考虑这些因素，估计与没有培训没有太大的区别。

国家有专门的安全培训规定，要求五大高危行业新上岗从业人员安全培训时间不得少于72学时，同时规定"未经安全培训合格的从业人员，不得上岗作业"。这其实是最低的安全要求，临阵磨枪不利也光。但是，实际又有多少单位能严格落实呢？有些单位领导缺乏对安全培训工作重要性的认识，无视有关安全培训法规的规定；多数单位是培训缺乏针对性，培训专业化程度不够。

企业安全培训基本是由企业主要负责人、安全管理员、行政人员、车间主任、班组长等内部人员授课讲解。这些人大多非专业出身，甚至可能自己本来就未曾参加过专业的培训，自身对企业安全培训内容也是一知半解，只能生搬硬套书本理论，缺少必要的案例剖析和师生互动，更别说达到一定的培训效果了。还有些单位培训的目的主要是为了应付上级检查，完全形式化，比如三级安全教育培训老师是同一人，完全应付了事。

一些规模小、管理模式简单的加工制造企业，企业认为员工只要会基本的岗位操作技能就可以从事生产工作了。而且加工制造企业外来务工人员较多，人员流动性大，企业不愿意投入时间和经费对其进行安全培训。还有就是安全培训效果差，主要表现为员工对培训积极性不高，因外来务工人员比例大、整体安全素质不高、安全意识不强、学习兴趣不浓，而且对安全培训的重要性认识不足，对待安全培训敷衍了事，自然达不到培训应有的效果。

安全培训规定不合格不得上岗，可是什么是合格，用什么标准来评价，由谁评价，评价者需要对评价结果负责吗？还有，培训老师有什么标准，如何开展培训？查阅了很多资料，但很遗憾，没有查到全面详细的权威研究。比如，主要负责人、安全生产管理人员、特种作业人员以通过安监系统的考试为标准，可是对最危险的一线人员却没有合格的标准。

　　比较而言，澳大利亚的培训比较具体。首先分类，分为一般安全教育、部门安全教育、现场培训（包括技能，培训考核合格才能上岗）三种，对象是所有员工（包括 CEO）、访客、承包商（供应商）。强调每个职位的人必须具备对应岗位说明书载明的技能（这个很重要，牵涉到事故责任的认定，比如换灯泡必须有电工证和登高证）。培训协调员必须是本领域有丰富经验的操作工（从事过矿山所有岗位工作、工作经验丰富、驾驶过所有类型的车辆，而且是经过政府考试具有合格资质的培训师）；矿山对每个岗位都进行了培训需求分析，以此来确定该岗位的培训需求，这被当作一个平台来确定每一个员工的培训计划。

　　一旦完成了培训流程，员工将进行技能评估或者进行他们被分配工作的岗位培训。这种培训不仅包括技能培训，也包括任何相关的流程培训。开展技能培训是为了满足相关资源与基础建设行业"培训包"的要求，如有色金属矿-地下矿、地表开拓矿或者资源选矿相关的技能。他们安全教育培训的目的不是为培训而培训，重要的是安全应知应会的熟练掌握和员工技能培训，并对安全教育培训和技能的评估实行痕迹管理，特别强调的是培训师的资质（这是和国内最重要的区别）。专业的事要让专业的人干，培训师必须是具有丰富工作经验，熟悉矿业各种岗位，熟练掌握各种机械车辆的人员。员工的安全培训教育因岗而异，确保培训的针对性，员工必须经培训师技能培训考核合格认定后才能上岗，这是一种必须的程序。培训注重实战。

1.4.4　操作规程编制与执行

1.4.4.1　编制不严格

　　安全操作规程，作为员工日常工作中需要遵守的重要依据，其重要性不言而喻。安全操作规程与三级安全教育一样是企业安全生产管理的基础，甚至还前置于三级安全教育。三级安全教育主要内容很多时候要以岗位安全操作规程为脚本，缺乏规程，培训将成无水之源，围绕安全操作规程编制培训方案，针对性也会提高。忽视操作规程在

生产工作中的重要作用，就有可能导致出现各类安全事故，严重的会危及生命安全，造成终身无法弥补的遗憾。

但安全操作规程的现实情况如何呢？

有些单位没有操作规程，有些单位规程缺失，安全操作规程完整的单位微乎其微，在全国估计超不过 10%。大型国企煤矿、石油等单位相对好些，标准、规范比较健全，其他企业就很成问题，特别是建筑类企业，受流动性影响，没有几个像样的，小型加工制造企业也是如此。

即使安全操作规程门类完整，也不代表安全操作规程编制到位了。查阅了一些比较规范的企业，一家编制了 342 个岗位安全操作规程，一家编制了 141 个岗位安全技术操作规程，门类是齐全和完整的，方方面面都有涉及。但是翻开仔细一看，就不敢恭维了。规程编的是五花八门，长的很长，几十条；短的很短，只有泛泛几条，其中还充满着"遵守公司有关规定……、严格按岗位操作规程进行操作……、认真巡查岗位区域……"这类不知所云的空泛语言。试问，这样简短空泛的内容能让文化素质较低的一线人员在有限的时间内真正掌握吗？有些安全管理部门为了省事，常常把规程编制工作委托给一线班组承担，事后又没有统一编撰，必然导致操作性差。

工作中很多事故的发生，往往都存在违反操作规程的现象。这与一线员工的思想有关，但仔细再分析，安全操作规程可操作性差也是一个重要间接原因。好的安全操作规程不仅能规范职工的工作行为，同时还能强化职工的安全意识，职工能够根据有效的安全操作规程分清具体环境下什么是正确的，什么是不违章，怎么去做才是最合理有效的。

规程的编制环节常常被忽视。安全监督检查一般也不关注这类细节，检查时最多看看是否有规程，至于规程是什么内容就没有人关注了。很多企业编制规程的出发点就是为了应付检查，"上面"关注不到的地方，"脏乱差"就应运而生。这种思维惯性短时间内难以改变。

1.4.4.2 执行不到位

规程编制了，能否得到正确、全面执行又是一个问题。根据心理学家研究，当人们意识到一个问题的重要性后，在没有外力压迫下，愿意改变的不到30%，改变到位的也不会超过30%，也就是说，主动成功改变率不到10%。2016年某建筑公司的汽车修理场发生一起物体打击事故，导致1人工亡。原因是这名轮胎工违反《轮胎工安全技术操作规程》，拆卸轮胎时没有对轮胎放气、泄压，导致内侧轮胎炸胎、轮辋爆裂，产生的强大推力将外侧轮胎及正在作业的轮胎工瞬间推出7米外，倒在《轮胎工安全技术操作规程》牌子底下。这个《轮胎工安全技术操作规程》是2013年另外一起修补轮胎炸胎事故后修编的，很遗憾，前人血的教训并没有挽救后人的生命。

我们一直强调遵规守纪，法律面前人人平等，法律、法规、规章制度都是建立在一律平等的假设基础上的。但是，现实生活中，我们规则适用的差异化程度是巨大的。大的方面，看看法院的判例，即使性质、情节、社会危害、主观态度都一样，判决结果仍然千差万别。

企业的执法也是如此，比如进入矿区需要安全培训和教育，公司董事长去了或者省领导去了，他们很情愿配合的话一般没问题；但是，如果他们显示出不耐烦，往往没人敢继续往下做了。这还是比较好的企业。差点的企业，一看到领导来了，所有安全培训教育流程直接省了。更差的则可想而知。在这方面我们应该向紫金矿业与巴里克的合资企业——巴布亚新几内亚的波格拉金矿学习。巴布亚新几内亚是世界是最穷的国家之一，人口识字率只有62.4%，但波格拉金矿在安全管理上绝不含糊，任何人进入矿区都要严格安全培训检查，即使公司老板、国家元首到访也是一样，没有例外。

1.4.5 安全检查

1.4.5.1 重量不重质的检查

参加企业的年度工作会议，有可能会听到或看到这样内容："全年共下发检查通报57份，检查企业179家次，查出问题隐患1810条，整改率97.4%"。乍一看，好像工作量不少，检查了100多家企业，隐患查出了1800多条，而且整改率也达到了97%，工作似乎做得不错。不过，这样的业绩蒙蒙外行可以，略微一思索，就知道千疮百孔。

只要看看他们的检查通报文件，就一眼可以看出问题。也许他们的通报材料是这样写的："1月20日公司×××总经理、×××安全总监和安环部、总调度室、总经理办公室等相关人员对采矿厂、选冶厂开展了春节节前安全环保消防治安大检查。""检查发现了以下隐患：（1）排土场值班室门口限速牌、凸面镜随意堆在路边，要求搬入就近仓库存放，待工程结束后及时安装回原位；（2）排土场值班室内电话线路不通，应急药箱内无应急药品，要求修复电话线路和配备应急药品；（3）井下275中段3号北穿有浮石，要求尽快清理；（4）选冶厂南门入口发现烟头、地板湿滑，要求清扫干净……""要求2家受检单位举一反三，加强安全风险隐患排查治理工作，针对本次检查存在的问题，按'五落实'原则迅速落实整改。要求2家受检单位加强主体责任落实，层层落实安全职责……"

1.4.5.2　走过场式的检查

总经理亲自带头开展安全生产大检查，形式很好，值得肯定，至少表明了对安全生产的重视，比多数企业强了！不过，仔细再一琢磨，好像哪里有些不对劲儿。第一，用半天、一天时间能检查到位吗？第二，总经理能把隐患查清楚吗？第三，连烟头都要总经理来查，总经理是不是会累死？第四，这些隐患为何会产生？随便一想，就是一堆疑问。对于一个大企业，半天能把主要的点走完就不错了，即使查出隐患，也是一些表面的。隐患有很大一部分是人产生的，是动态的，总经理不可能把任何一个地方任何一个人都盯住，显然这种安全大检查只是走过场，违背企业运营"实质重于形式"的基本逻辑。

不从原因上分析隐患产生的机制，前一个隐患整改完，后一个类似的隐患又会冒出来，一年到头，一个大企业这种类似的小隐患难道才1800多条？不知谁会相信！估计外加两个零都不止。从绝对量看查出了1800多条，好像不少，但从相对量看，可能占比很少。可以说这样的检查对企业安全生产几乎没有价值，这样的工作方式，即使把人累死了也活该。企业更讲究功劳而非苦劳，因为企业是以结果为导向的。

据了解，某些地方政府有关部门的安全生产大检查也与此类似，检查组人员一到企业首先检查内业，看看资料是否完整，有没有开展安全生产月活动，有没有把领导指示传达到位；再到现场走走，用不了2小时；接着再开个会反馈一下，工作结束。上级下来安全检查，去的地方一般都是下级估计安全情况较好的企业，很差的企业一般都不会带去看，即使带去了，那个企业肯定也早就歇工、停产，打扫得干干净净，去了也白去。

在当前这个阶段，安全检查这个环节一定要有，不过不能为检查而检查，走过场的检查其实就是劳民伤财，边际效益极其低下，机会成本非常高，无形中浪费了大量的人力、物力，还带坏了风气。

安全大检查后立即出现不可接受的安全事故的例子不胜枚举，经常看到安全大检查队伍前脚刚走，后脚就出事。2017年某月某日，某

企业外包工程队发生一起车辆伤害事故，这时刚去安全大检查的队伍还在机场等候飞机返程。虽然不能将事故频发认为是安全大检查引起的，但确实许多安全检查效果低下。很多事故并非几次安全大检查就能杜绝的，它是系统性的，像癌症一样，绝对不是体检发现前几天冒出来的，而是长期的不良情绪、不良习惯或长时间接触不好的空气、饮食环境积累而成的，靠几次体检解决不了问题。

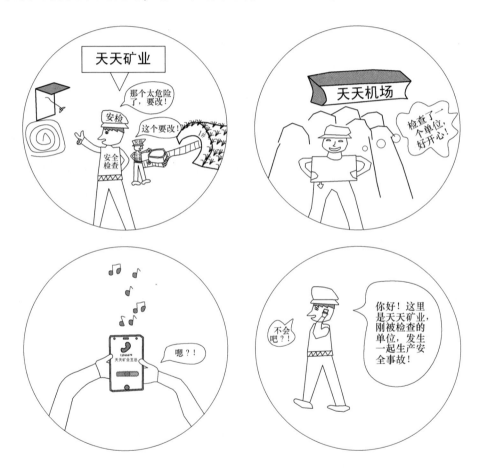

1.4.6 安全标准化的推行

1.4.6.1 变味了！

我国在 2004 年引入了安全生产标准化，这本身是挺好的一套东西，其本意是通过标准化提升整体安全生产水平。可惜土壤尚未改良好，做来做去做"馊"了，在发达国家很好的一套东西成为了过程谋利的手段。突出表现为一些企业为标准化而标准化，一批又一批的标准化建设团队在不食不眠、灯火通明后，流水线一般地生产了堆积如山的标准化文件，一旦通过评审，标准化最终就等同于这些文件了；而现场的实际安全生产管理水平提高不大，该违章的还是违章，不该发生的事故依然不断发生。

1.4.6.2 为什么？

曾与参与标准化文件起草的张涌先生探讨过这个问题。结论是，监管机构、企业、中介都有责任，监管机构急功近利、企业主动性不足、中介机构不专业。

政府监管部门希望在较短的时间内出成果，没有充分考虑国情和现状，导致严重的重数量、轻质量现象，越到下面一级就越是重视达标数量而忽视达标质量。企业方面，一般来说，企业领导人重经济效益，量本利是工作重心，利润最大化是追求的核心，安全生产往往成为吃力不讨好的工作，被动式开展安全生产标准化。一些规模小、实力弱的中小企业短期行为更加严重，认为安全生产标准化是一项庞大的系统工程，达标极其复杂，投入大、操作难，对安全生产标准化建设的抵触情绪非常严重。更有不少企业认为，标准化达标是政府强加给企业的一种负担。中介机构的专家虽然经过了专业培训，但安全生产管理是一门系统工程，并非通过速成培训就能做好的，匆忙上阵的专家往往缺乏实战经历，常出现判断不准、评判不到位的情况，无法达到通过评审真正帮助企业提高安全生产管理水平、客观实际地指出企业存在的安全隐患、提高本质安全的目的。有些中介机构的出发点本身就不纯，谋取经济利益是其最大诉求，他们往往比企业更能够充分发挥公关能力，"帮助"被委托企业快速通过评审达标。

真正实现安全标准化需要方方面面的积淀，想一口气吃成胖子的结果只能是被撑坏肚子。

1.4.7 安全防护罩

1.4.7.1 层层失效

分析一起跑车事故时发现：把钩信号工在没有将空矿车与卷扬机钢丝绳挂钩连接的情况下直接将空矿车推行，未进行安全确认，本应常闭式的斜井挡车栏在提升作业过程中人为置于常开状态，下方耙渣作业人员没有按规定采取有效的躲避措施。

继续分析进一步发现：作业现场把钩信号工无证作业，从业人员未满足三级安全培训要求，绞车为非矿用绞车，现场所用阻车器及挡车栏不符合安全要求，斜井挡车器设计不合理，挡车栏缺失一个，安全设施处于常开状态。分析认为，这些环节只要一个起作用，这起跑车事故就有可能避免。但可惜的是，多层安全防护罩被层层洞穿，对事故毫无抵抗能力，中国古代第一神射手养由基也只能射穿七层皮甲，我们比养由基还要厉害。

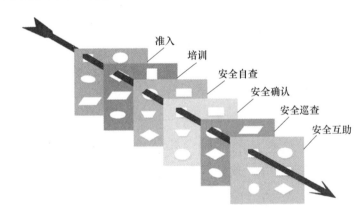

1.4.7.2 祸根所在

这不是个例，分析每起安全事故，至少超过 80% 是这种情况。按国家标准的分析方法，不安全包含人的不安全行为、物的不安全状态、环境因素、管理缺陷，人的不安全行为平均占比超过 88%，其中又有超过 80% 存在违章现象。

任玉辉先生统计发现，2003~2013 年我国各类重特大煤炭事故总共 298 起，其由人为因素引起的有 238 起，占事故总数的 79.8%；特别重大事故 27 起，24 起由人为因素导致，占比 88.8%，18 起违章又占人为因素的 75%，27 起特别重大事故中仅有一起瓦斯爆炸事故是由对严重自然灾害应对不及时造成的。煤炭行业在我国属于安全生产管得比较好的，尚且存在大量违章造成的事故，建筑、非煤、小型加工等行业违章的比例肯定要大得多。

管理缺陷是大量违章现象的祸根。在我国几乎所有的事故背后都存在管理缺陷，最常见的是缺乏有效的培训教育，还包括责任不清晰、操作规程不合理、量化指标不具体，员工普遍缺乏主动参与性，最大的根源是企业负责人并没有真正重视安全。在中国，如果"一把手"既不带头做表率、又不真抓实干，不出事绝对是偶然，出事是必然的，再多的防护罩也是白搭。

1.4.8　安全执法方式

1.4.8.1　奖罚即是管理?

有些管理者采用重奖重罚的管理模式进行安全生产管理，认为"奖罚即是管理"。这种方式也确实扭转了一些企业的安全管理格局，初期效果不错，安全形势大幅度好转。但遗憾的是，一旦该强势领导离开企业，安全形势很容易出现报复性反弹。不能否认奖罚是管理的重要组成部分，一个组织很难离开奖罚。组织治理最怕奖励不足和约束不够，不痛不痒、大锅饭等都很麻烦。然而，反过来，管理仅仅就是奖罚吗? 显然不能成立! 重奖重罚往往容易把手段变成目的，本末倒置。

在安全生产管理过程中，检查部门发现隐患，常常以罚款了事。这对执法人员来说最简单、最直接、最能推卸责任，年终报告也很好写，可以把罚款多少作为邀功的资本。某企业安全管理部门年终总结："安全责任得到有效落实，习惯性违章得到有效遏制。一年来，公司共处罚 376.4 万元，其中反'三违'合计处罚 10.6 万元。"罚款成为安全生产管理的功劳。真敢把无知当饭吃，不要说这些制度可能本身程序都不合规，涉嫌违反劳动法，还反映了执法部门连基本的法律常识

都没有。

1.4.8.2 粗暴罚款的危害

这种以罚代管的做法专业吗，道德吗，有效吗？想想看，一线人员本身就没有多少收入，还要罚那么多钱，他们收到罚单时会是什么感受？他们的负面情绪难道不是另外一个隐患吗？所以，这样做很难达到想要的效果，把手段当目的，往往适得其反。难道就没有别的措施，难道这样工作就做到位了吗？肯定不是。管理手段有的是，懒惰的执法人员不仅自身不学习，也不爱动脑子，更缺乏基本良知。

"以罚代管"有用吗？可能会有点阶段性作用，但从长远看弊大于利，罚款未必能带来违规的减少，反而有可能带来诸多负面影响。罚款，破坏了干群关系和上下级信任的基础，使下级心积怨恨，敢怒不敢言；只有当着领导的面儿时，才规规矩矩；领导一旦不在场时，就会产生报复性的行为反弹；造成基层团队内部相互埋怨和不信任，由于背负罚款指标，管理者处于"两头受气"的尴尬状态；使基层组织失去活力，成就感和能动性丧失；员工害怕被处罚，有意掩盖问题真相，久而久之，养成了一种欺上瞒下、不诚实、不信任的组织文化；产生抵触情绪，会从其他地方"找平"。显而易见，这样一种组织文化是一种消极的文化。人们的心态被扭曲，事实的真相被掩盖，安全生产更加无法保障。

另外一个相关的问题，奖罚只能采取金钱方式吗？在得到基本生活保障后，认可和尊重往往是更好的正面激励措施。同理，处罚也应尽量非金钱化，且让员工认识到自身错误和改正错误远比罚一点钱更重要。粗暴的罚款只能看出管理人员的无能！当员工出现违规时，管理人员是否分析过原因？如果疲劳作业是主因，疲劳是因为睡眠不好产生的，那也要分析为何睡不好。有可能是家庭经济压力造成的，就经济问题睡觉前刚同老婆吵了一架，怒气难消影响了睡眠，这种情况下作为管理者对其进行情绪疏导才是上策。采取罚款处理违章，不就火上浇油吗？搞不好安全事故没出，治安事故先来了，碰到个别"一根筋"的，找上门拼命也是有可能的。

事实证明，员工的违规违制和习惯性违章现象之所以得不到根除，原因是多方面的。只有个别情况是员工故意的，多数是无意识的、不经意的，或不良习惯、训练不足造成的。还有，规章制度本身是否科学、合理、可行，也应该考虑，这也许也是一个重要的原因。还有，设备设施很不好用，极度费时费力的安全设施估计没几个人会按章操作。这些都可能是产生违章的重要原因。

1.5　任重道远

1.5.1　改革之后

1.5.1.1　安全生产依然是个沉重的话题

上大学期间，经常听到的煤矿事故以瓦斯爆炸居多，学校周边矿务局就发生过至少两起死亡数十人的特大事故，其中一起在救援期间发生二次爆炸导致伤亡进一步扩大，估计我们的很多学长都搭进去了。这让就读于煤炭院校的我们心里发毛，毕业实习大家都小心翼翼，不少同学毕业就转行，系统内留下不到1/3。

根据劳动部矿山安全卫生监察局统计，1995 年全国有证煤矿企业共发生重大事故 8204 起，死亡 10100 人。这仅仅是统计到国家层面的数据，不报、瞒报的又是多少？说多几倍也许不算夸张。面对频发的煤炭安全事故，国家于 1999 年 12 月 30 日成立了煤矿安全监察局，当时是副部级；2001 年 2 月设立安全生产监督管理局，依然副部级；直到 2005 年 2 月 23 日升格为国家安全生产监督管理总局，属正部级；现已改革为应急管理部，作为国务院组成部门。监管部门的调整变化也从侧面反映了国家对安全生产逐步重视的过程。以前几乎没人管，处于放任阶段，现在有专门机构、专门人员，重视程度不一样，专业性也提高很多。

客观地讲，安全监察局的成立对我国安全生产工作起了重大推动作用，这从死亡人数的下降也可以看出。2001 年全国生产安全事故共死亡 13 万人，2016 年死亡不到 4 万人，下降了 70%，如图 1-3 所示。2017 年全国煤矿共发生事故 219 起，死亡 375 人，22 年间下降了 96%。1995 年原煤产量 12 亿吨左右，2017 年 35 亿吨，除了技术进步、装备提升之外，管理进步也是很重要的原因。

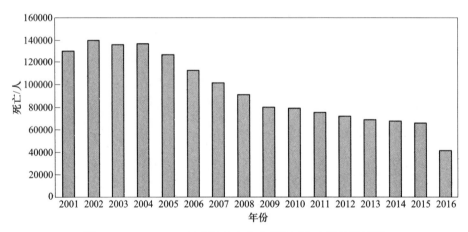

图 1-3 2001~2016 年全国生产安全事故死亡人数统计情况

1.5.1.2 安全监管机制改革仍在路上

但是，在安全生产管理水平不断进步的大背景下，因为安全生产事故产生的社会矛盾不降反增，原因何在？

有人研究认为是因为安全生产事故的下降速度没有跟上人们越来

越高的安全诉求，随着社会的进步、互联网的广泛应用，人们对事故的容忍度越来越低。从事安全生产监督管理工作的同志可能会觉得挺冤枉的。

客观而言，安全监管部门的同志确实挺冤的，工作做了许多，也挺累的，进步也挺大的，只是，人们对安全的诉求提升得更快。管理往往只讲功劳不讲苦劳，监管的方法还有许多待完善的空间。我们长期以来采取的是被动式缺陷型安全管理模式，业务逻辑一般是从查找隐患再分析成因，找关键问题，提出整改要求，落实整改方案，最后检查验收封闭，外加一些资质准入审查，安全评价等事前控制环节，推行了安全标准化、隐患排查治理等技术。安全生产工作的改进习惯于靠上级部署来推动。安全生产经常搞运动，一会儿搞一个"×××大检查"，一会儿又来一个"××大行动"，没完没了。以安全生产月为例，初衷挺好，可是取得的效果如何呢？难道安全生产月就安全吗？不见得吧。拿数据说话，根据湖南工程职业技术学院龚声武博士的统计，湖南省 2005~2008 年 4 年期间煤矿事故发生率最低的月份是 2 月，最高的是 5 月，6 月高于年平均。2 月为何最低？估计与春节放假、干活的人少有关。再如"四不放过"原则，其中三个不放过很有道理，另外一个"责任人员未处理不放过"的出发点也挺好的。问题是如果没有责任人员怎么办？实际操作往往会违背法治原则，即使没有责任人员，也有可能派生出责任人员，或把问题放大。如此一来，反而冲淡了主题，无法聚焦问题的症结。很多事故最后都是以处罚为结束步骤的。如此操作，很可能陷入事故的周期性怪圈（图 1-4）。

所以，这种安全管理机制无助于自我改善、内生性动力产生，头痛医头、脚痛医脚必然导致管理效率和效能较低。

1.5.2 提升难点

1.5.2.1 有待落地的先进安全管理技术

针对生产安全事故易发多发，重特大安全事故频发势头尚未得到有效遏制的安全形势，2016 年，国务院安委会办公室下发了《关于实施遏制重特大事故工作指南构建双重预防机制的意见》（安委办

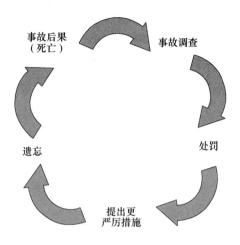

图 1-4　事故周期性怪圈

〔2016〕11 号）；中共中央、国务院以中发〔2016〕32 号文件正式印发《中共中央国务院关于推进安全生产领域改革发展的意见》。2017 年实施新版《企业安全生产标准化基本规范》，该版在原来基本规范的基础上补充了新安全生产法有关要求与风险管理的内容。其中"健全落实安全生产责任制""建立安全预防控制体系"是主要改革举措和重点任务，即要求探索构建双预防机制，也就是安全管理工作向第三阶段努力。安全管理关口不断前移，即由事后管理（事故管理）向事中管理（隐患排查治理）再向事前管理（风险管理）前移，如图 1-5 所示。

建立安全预防控制体系是落实安全管理关口不断前移、实现安全自主管理的重大举措，是建立安全文化的重要途径，文化管理是风险预控管理的必然延伸，只有到了文化管理阶段才能实现"零伤害、零事故"的目标。但是，对这些管理体系，若非专业人员估计要认认真真学习相当长一段时间，还要再花更多的时间认认真真研究如何落地，这个过程没有几年估计很难达成什么效果。国内一些大型企业在长期安全管理实践中，学习借鉴国际先进经验，总结形成了自己的一套安全管理模式，取得了优异的安全、健康业绩，但其探索实践并非一帆风顺。作为世界 500 强上游的神华集团在前期安全管理先进方法探索实践中同样遇到了一系列问题，其 2001 年引进了南非 NOSA 安全管理体系、OHSAS18000 职业健康安全管理体系认证等国际先进方法，但

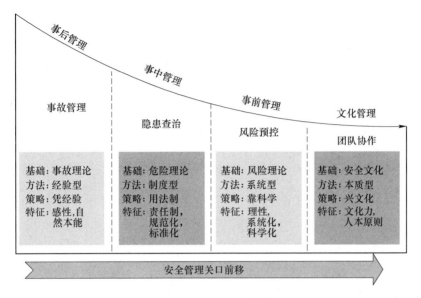

图 1-5　安全预防控制体系建立图示

国情不一，存在难理解、难结合、难应用、难推行的问题，如何实现管理方法体系化、国际标准和经验本土化、传统和现代相结合化，神华集团进行了有益的探索，其树立了"煤矿能够做到不死人；生产时瓦斯不超限，超限就是事故"安全理念，2011 年其推出《本质安全管理体系》作为安监总局的《煤矿安全风险预控体系规范》，到 2012 年其百万吨死亡率下降到 0.0043。同样南方电网借鉴南非 NOSA 安全管理体系并于 2003 年开始试点，2007 年全面推行《安全生产风险管理体系》。

　　然而，有多少企业能等得起几年呢？在快鱼吃慢鱼的今天，快节奏已成为常态，人们很难承受长期难于见效的"良药"，特别是一些建筑企业，等把这些搞清楚、推行得差不多的时候，工程可能已经结束了。我们被外界称为"基建狂魔"，绝非浪得虚名，在媒体上经常可以看到几天时间把什么铺好的报道，我们工程效率是非常高的，这绝对值得自豪。记得在俄罗斯工作期间，有俄罗斯人要新盖一栋平层小卖部，面积也就 $300m^2$ 左右，但直到两年后离开俄罗斯时都没有盖好。估计除了经济因素之外，与他们的工作效率低下也有莫大关系，他们每天也就是盖个几十块砖。与之形成鲜明对比的是，我们在附近

盖的两层值班房建筑面积超过 1000m²，不到两个月全部完工交付使用。

1.5.2.2　消化、转化先进技术的难点

高效的工程进度与低效的安全培训矛盾重重。在国家监管机构不可能全覆盖的情况下，大家认识也不可能那么高，即使意识强点的，也常有侥幸心理，这就导致主动学习消化、贯彻落实这些理论不太现实。

同时，目前我国真正合格的安全管理人员数量不足；中介提供的有价值服务满足不了社会的实际需求，安全中介机构也参差不齐；部分学术观错位，各种理论方法名目繁多；企业安全管理人员忙于日常事务和外部检查，不深入研究针对本企业的系统、先进的安全管理方法；拿来主义、形式主义，国内外有很多的安全管理方法在他们的企业很管用，而我们的企业见到好的立即照搬，却没有消化吸收，还没等它显灵，看到更好的就又换一套；也有的把自己的管理方法贴上国际先进的管理模式的标签，用的还是传统的管理方法，不能持之以恒推行对全企业员工和生产有针对性、先进的、有效的安全管理方法。

引进国外先进管理没有系统地分析我国国情、人性、思维和文化与国外的差异，没有有效地甄别和消化吸收而针对性地采取合适有效的管理办法。如正统价值观上，中国更多是集体主义，而外国人更多是个人主义，注重个人需求和欲望，中国有几千年的集权文化环境、伦理道德基础儒家思想，塑造了中国人中庸的性格；思维上，中国人讲究更多的是直观感性，更注重领悟，而外国人更多是理性分析，更注重客观、逻辑推理等。由于这些不同，正如上面所说神华集团 2001 年引进南非 NOSA、职业健康体系，探索安全生产管理先进方法时就遇到难应用、难理解、难结合等一系列问题。因此，寻找并消化先进的安全管理技术的同时，寻找高效的转化方法同样重要。

2 重 构

2.1 安全管理理论概述

安全管理方面有许多理论或假设，主要包括事故频发倾向理论、事故因果连锁理论、能量意外释放理论、轨迹交叉理论、系统安全理论。

（1）事故频发倾向理论。所谓事故频发倾向是指个别容易发生事故的个人的内在倾向。少数具有事故频发倾向的工人是事故频发倾向者，他们的存在是工业事故发生的原因。如果企业中减少了事故频发倾向者，就可以减少工业事故。

（2）事故因果连锁理论。主要有大名鼎鼎的海因里希事故因果连锁理论和现代因果连锁理论。海因里希事故因果连锁理论认为伤亡事故的发生不是一个孤立的事件，尽管伤害可能在某瞬间突然发生，却是一系列原因事件相继发生的结果。海因里希把工业伤害事故的发生发展过程描述为具有一定因果关系的事件的连锁：1）人员伤亡的发生是事故的结果。2）事故的发生原因是人的不安全行为或物的不安全状态。3）人的不安全行为或物的不安全状态是由于人的缺点造成的。4）人的缺点是由于不良环境诱发或者是由先天的遗传因素造成的。海因里希将事故因果连锁过程概括为以下5个因素：1）遗传及社会环境；2）人的缺点；3）人的不安全行为或物的不安全状态；4）事故；5）伤害。海因里希用多米诺骨牌来形象地描述这种事故的因果连锁关系。在多米诺骨牌系列中，一枚骨牌被碰倒了，就将发生连锁反应，其余几枚骨牌会相继被碰倒。如果移去中间的一枚骨牌，则连锁被破坏，事故过程被中止。他认为，企业安全工作的中心就是防止人的不安全行为，消除机械的或物质的不安全状态，中断事故的连锁进程，从而避免事故的发生。

现代因果连锁理论认为人的不安全行为或物的不安全状态是工业事故的直接原因，必须加以追究。但是，它们只不过是其背后的深层原因的征兆和管理缺陷的反映。只有找出深层的、背后的原因，改进企业管理，才能有效防止事故的发生。博德在海因里希事故因果连锁理论的基础上，提出了现代事故因果连锁理论。

博德的因果连锁理论主要观点包括以下五个方面：1）控制不足——管理；2）基本原因——起源论；3）直接原因——征兆；4）事故——接触；5）受伤——损坏——损失。认为操作者的不安全行为及生产作业中的不安全状态等现场失误是由企业领导者及安全工作人员的管理失误造成的。管理人员在管理工作中的差错疏忽、企业领导人决策错误或没有做出决策等失误对企业经营管理及安全工作具有决定性的影响。管理失误反映企业管理系统中的问题，它涉及管理体制，即如何有组织地进行管理工作，确定怎样的管理目标，如何计划、实现确定的目标等方面的问题。管理体制反映了作为决策中心的领导人的信念、目标及规范，决定着各级管理人员安排工作的轻重缓急、工作基准及指导方针等重大问题。

（3）能量意外释放理论。该理论认为事故是一种不正常的或不希望的能量释放，各种形式的能量是构成伤害的直接原因。因此，应该通过控制能量，或控制作为能量达及人体媒介的能量载体来预防伤害事故，提出了"人受伤害的原因只能是某种能量的转移"的观点，并认为在一定条件下，某种形式的能量能否产生造成人员伤亡事故的伤害取决于能量大小、接触能量时间长短和频率以及力的集中程度。伤害事故原因是：1）接触了超过机体组织（或结构）抵抗力的某种形式的过量的能量。2）有机体与周围环境的正常能量交换受到了干扰（如窒息、淹溺等）。因此，各种形式的能量是构成伤害的直接原因，相应地可以通过控制能量，或控制达及人体媒介的能量载体来预防伤害事故，预防伤害事故就是防止能量或危险物质的意外释放，防止人体与过量的能量或危险物质接触。

该理论认为预防能量转移至人体的安全措施是屏蔽防护系统。约束限制能量，防止人体与能量接触的措施称为屏蔽，这是一种广义的屏蔽。屏蔽设置得越早，效果越好。按能量大小可建立单一屏蔽或多重的冗余屏蔽。工业生产中经常采用的防止能量意外释放的11种主要屏蔽措施包括：用安全的能源代替不安全的能源；限制能量；防止能量蓄积；控制能量释放；延缓释放能量；开辟释放能量的渠道；设置屏蔽设施；在人、物与能源之间设置屏障，在时间或空间上把能量与人隔离；提高防护标准；改变工艺流程；修复或急救。

（4）轨迹交叉理论。该理论的主要观点是：在事故发展进程中，人的因素运动轨迹与物的因素运动轨迹的交点就是事故发生的时间和空间，即人的不安全行为和物的不安全状态发生于同一时间、同一空间，或者说当人的不安全行为与物的不安全状态相通，则在此时间、空间发生事故。

轨迹交叉理论作为一种事故致因理论，强调人的因素和物的因素在事故致因中占有同样重要的地位。按照该理论，可以通过避免人与物两种因素运动轨迹交叉，即避免人的不安全行为和物的不安全状态同时、同地出现，来预防事故的发生。

（5）系统安全理论。指在系统寿命周期内应用系统安全管理及系统工程原理识别危险源并使其减至最小，从而使系统在规定的性能、时间和成本范围内达到最佳的安全程度。

系统安全的基本原则就是在一个新系统的构思阶段就必须考虑其安全性的问题，制定并执行安全工作规划——系统安全活动，并且把系统安全活动贯穿于系统寿命周期，直到系统报废为止。安全工作的目标就是控制危险源，努力把事故发生概率降到最低，即使万一发生事故，也可以把伤害和损失控制在较轻的程度上。

除了这些之外还有著名的墨菲定律：只要存在发生事故的原因，事故就一定会发生，而且不管其可能性多么小，但总会发生，并造成最大可能的损失。

海因里希事故因果连锁理论中有一个非常著名的海恩法则，海因里希通过对65万起安全事故分析后得出一个结论，认为每一起严重事

故的背后，必然有29次轻微事故和300起未遂先兆以及1000起事故隐患（见图2-1），也就是罗云教授所说的避免闯红灯1000次救人一条命。虽然伤亡事故并非一定要累积到1000起事故隐患才会发生，而是有可能第一次就出现，或1000起也不会出现，但是大数据分析基本支撑这个结论，只是数值不一定精准，后来许多学者也进行过分析，数据有所不同，但是这种三角形关系基本成立。

与海因里希安全法则相对应的还有 ALARP 原理（见图2-2）。

在这些理论、定理、定律之外，还有一些安全生产管理原理与原则，包括系统原理、人本原理、预防原理、强制原理等。这些都是现代安全管理技术的理论基础。

（1）系统原理。是指人们在从事管理工作时，运用系统的理论、观点和方法，对管理活动进行充分的系统分析，以达到管理的优化目标，即用系统论的观点、理论和方法来认识和处理管理中出现的问题。安全生产管理系统是生产管理的一个子系统，包括各级安全管理人员、安全防护设备与设施、安全管理规章制度、安全生产操作规范和规程以及安全生产管理信息等。安全贯穿于生产活动的方

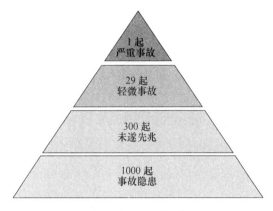

图 2-1 海恩法则

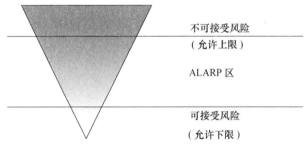

图 2-2 ALARP 原理图

方面面，安全生产管理是全方位、全天候和涉及全体人员的管理。运用系统原理的原则有动态相关性原则、整分合原则、反馈原则、封闭原则等。

（2）人本原理。是指在管理中必须把人的因素放在首位，体现以人为本的指导思想，有两层含义：一是一切管理活动都是以人为本展开的，人既是管理的主体，又是管理的客体，每个人都处在一定的管理层面上，离开人就无所谓管理；二是管理活动中，作为管理对象的要素和管理系统各环节，都是需要人掌管、运作、推动和实施。运用人本原理的原则有动力原则、能级原则、激励原则、行为原则。

（3）预防原理。安全生产管理工作应该做到预防为主，通过有效的管理和技术手段，减少和防止人的不安全行为和物的不安全状态，从而使事故发生的概率降到最低，这就是预防原理。运用预防原理的原则有偶然损失原则、因果关系原则、3E 原则、本质安全化原则。

（4）强制原理。即采取强制管理的手段控制人的意愿和行为，使个人的活动、行为等受到安全生产管理要求的约束，从而实现有效的安全生产管理。所谓强制就是绝对服从，不必经被管理者同意便可采取控制行动。包括安全第一原则、监督原则。

2.2　国内外优秀企业安全管理模式

现代安全管理的发展过程总的来说可分为经验管理、制度管理、风险预控管理（或安全科学管理）和文化管理四个阶段。文化管理是安全管理的最高阶段，只有到了文化管理阶段才能实现"零伤害、零事故"的目标，而风险预控管理是建立安全文化的重要途径，文化管理是风险预控管理的必然延伸。美国杜邦公司对其200年安全文化建设实践理论化总结出杜邦安全文化建设与防止工业伤害和员工安全行为模型，把企业安全文化建设过程分四个阶段，如图2-3所示。

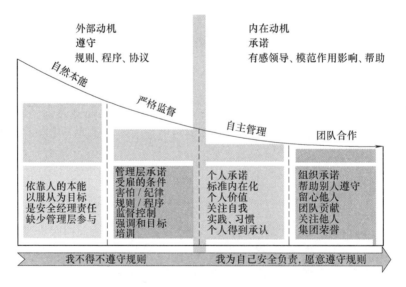

图2-3　杜邦布莱德利曲线——文化成熟度模型

目前国际上较成熟的安全管理模式，即世界500强企业安全管理手段主要分三大类：

（1）安全管理系统。具有代表性的有英荷壳牌公司HSE健康安全环境管理体系（壳牌公司 1994 年 9 月正式发布）、通用电气 SHE 安全健康环境、埃克森美孚 OIMS 完整性运作管理系统、埃克森和道氏 SQAS 安全质量评价体系、IRCA 综合安全风险健康环境和质量管理体系（13 个元素）。

（2）基于行为安全的管理模式。具有代表性的有美国杜邦安全管理模式（其核心是 12 个行为安全要素（安全文化和安全行为）和 14 个工艺安全要素 PSM（过程安全管理））、住友公司以班组为基本组织的 KYT 伤害预知预警活动、拜耳公司 BO 行为观察活动、丰田防呆法和零事故。

（3）政府或非官方机构确定被部分跨国企业采用的安全策略。包括国际标准通用的 OH-SAS18001 职业安全和健康管理体系（1999 年 13 家组织联合提出，17 个元素）、南非 NOSA 安全管理体系（五大类 72 个元素，五星评价）、日本劳动安全协会 6S 运动、国际劳工组织 OSH-MS。

按地域进行划分的话，美国的安全管理"以人为本，让员工主导"，如摩托罗拉"肯定个人尊严"、惠普推崇人的"惠普之道"、IBM 的核心信条"对人尊重，人人平等"等；欧洲的安全管理的特色是"制度至上，量化细化全面化"，制度至上就是制度面前人少发挥一点主观能动性，严格执行制度、履行程序和奉行原则；日本的安全管理的特色是"人的本质安全和物的本质安全，重在人的本质安全"，如其首先开展"5S"运动、"手指口述"和"KYT"。

这些管理体系元素虽然各不相同，但都采用基于风险的预防预控管理方法，同时，这些企业安全管理共通的还有一个词是 ACT（行动），不是单纯喊口号，或定个制度发出文件就是管理，而是都在采取行动（ACT），且关注雇员的行为（ACT）；都在做初步危害分析（PHA）、工作安全分析（JSA）或作业风险分析（JHA）；制度中普遍都有作业许可（PTW）程序；实践中都在采用基于行为的安全管理（BBS）；作业前都要召开工具箱会议（TBM）。其主要特点有：

（1）安全管理体系化。突出企业安全生产的系统性、规范化、有

序化运行（即识别企业安全生产的各个环节、每个元素—风险评估—根据评估结果对各元素制定技术措施、运行标准和管理流程—确定每个工作任务的书面安全工作程序和各岗位的岗位标准—严格执行，杜绝随意性。成为规范化、程序化的管理方式）；以管理的严密性促进有效性（一方面强调过程控制，即 PDCA；另一方面提供达到目标的方法）。

（2）责任分解，强调领导作用。强调领导承诺及行动、全员参与和个人承诺及行动。

（3）高度重视本质安全，高效适用的安全技术成果大面积推广应用。

（4）高度重视风险管理。基于风险，以风险控制为导向，强调事前分析与控制。

（5）安全管理信息化、定量化。

（6）积极培育安全文化。行为安全管理和企业安全文化是重点，不是短期行为，需要持续改进不断提高。

国内大型企业在长期安全管理实践中，学习借鉴国际先进经验，总结形成了自己的一套安全管理模式，取得了优异的安全、健康业绩，实现了安全生产的长效机制。如中海油 1996 年立项引进试点 HSE（健康安全环境管理体系），1997 年发布体系原则和制定指南，建立以安全评价为基础的系统化 HSE 管理体系，2004 年、2005 年 20 万工时事件率为 0.24、0.139；中石油借鉴美国杜邦安全管理系统；南方电网借鉴南非 NOSA 安全管理体系并于 2003 年开始试点，2007 年全面推行《安全生产风险管理体系》；神华集团 2001 年引进南非 NOSA，经过近 10 年的引进消化，推出《本质安全管理体系》，并于 2011 年作为安监总局的《煤矿安全风险预控体系规范》；宝钢集团吸收日本新日铁公司安全管理经验，形成"FPBTC"安全模式；鞍钢集团的"0123"安全管理模式等。

图 2-4 所示为杜邦主要 HSE 管理模块。

杜邦安全管理"行为安全"模块主要是预防员工与承包商的个人伤害事故，具体包括：承诺、方针、目标、组织、专业人员、职责、

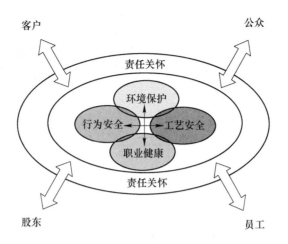

图 2-4 杜邦主要 HSE 管理模块

规定和程序、培训、激励、沟通、审核、事故等 12 个行为安全要素。

图 2-5 所示为杜邦安全文化体系。

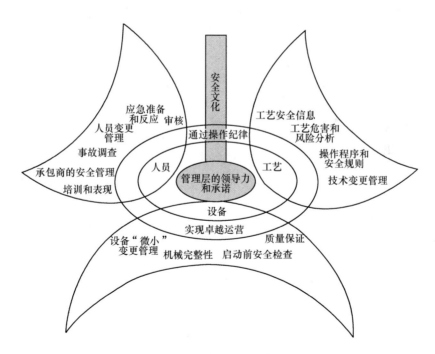

图 2-5 杜邦安全文化体系

CMB253 标准（构成）如图 2-6 所示。

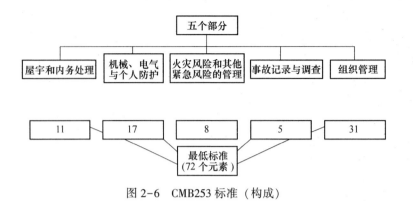

图 2-6 CMB253 标准（构成）

2.3 优秀安全生产企业的特征

托尔斯泰说"幸福的家庭都是相似的，不幸的家庭各有各的不幸。"在安全生产领域也是这样，虽然实现安全生产的路径可能有区别，但是安全生产做得好的企业也有一些共同特点。安全生产首先是"一把手"工程，"一把手"的重视程度、看问题的角度将深刻影响组织的安全生产成效。同时，安全生产离不开员工的认同或配合，没有员工的主动参与，安全生产也不可能持续好转。

综合安全生产做得好的企业，大多具有以下八个方面的共性特征。

2.3.1 "一把手"真正重视

"一把手"是一家之主，自古以来一山难容二虎，一个组织如果有两个以上权威出现，这个组织的效率肯定无法保障。因为在人类天性的作用下，一定会有大量骑墙人士出现，即使这两个老大关系非常好，也无法保障组织运作的有效性。这种权力分配定律决定了企业要做好安全管理必须要"一把手"真正重视。俗话说，"老大难老大难，老大一抓就不难"。安全管理本身并非深不可测，大家看到老大真正重视了，所有问题就都能解决了。

这里的真正重视绝非停留在会议中强调"务必高度重视安全生产"之类的话，而是实实在在的时间和精力投入，身先士卒、率先垂范。因为在当前这个阶段广大一线员工的素质不可能个个达到欧美标准，在这样的背景下，如果"一把手"既不带头做表率，又不真抓实干，不出事绝对是偶然，出事是必然。

有些一把手可能会说安全生产管理我不会，这是专业部门的事。这种认识只能说明这些"一把手"缺乏最基本的安全意识，也缺乏应有的学习精神和行动力。不会可以学，如果不想学、不想会，估计神仙也救不了。"一把手"虽然不可能把全部精力投入到安全生产中，但基本的技能、基本的认识、基本的参与是一定要有的，否则这个企业的安全生产只能祈求上天保佑了。

安全做得好的企业的"一把手"一定是真正重视安全的，即使员工整体素质较高的企业，虽然"一把手"未必需要把大量时间投入到安全生产管理中，但他对安全生产的重视绝对是发自内心的重视，绝对是把安全融入了自己的灵魂、融入了企业的每一个角落。许多优秀安全生产企业明确要求员工"不安全不生产"，在安全与生产之间，"一把手"是发自内心支持员工首选安全。群众的眼睛是雪亮的，"一把手"的一言一行完全在他们的眼里，即使不说，他们也能感受得到。

对安全生产的重视在一定程度上反映了"一把手"是否具有企业家精神。重视安全的本质是关爱生命，如果连别人的生命都可以漠视，连最基本的人文情怀都不具备，除了经济利益之外连一点精神层面的追求和信仰都没有，这样的"一把手"充其量也就是一名高级"商人"罢了，难成企业家。

2.3.2　最大程度的全员主动参与

员工永远是安全生产的直接对象，"四不伤害"要求不伤害自己、不伤害别人、不受别人伤害、保护别人不受伤害，其主体都是员工自己。诸多机构的研究已经证明，80%以上的事故源自人的不安全行为，杜邦公司研究后甚至认为96%的事故主因是人的不安全行为。换句话说，只要人的不安全行为下降90%，事故就可以下降86.4%。

根据《生产过程危险和有害因素分类与代码》，生产过程中的危险和有害因素主要分为人的因素、物的因素、环境因素、管理因素四大类。人的因素，包括心理、生理性因素，比如负荷超限、健康状况异常、禁忌作业、心理异常、辨识功能缺陷、心理生理性缺陷以及违

章指挥、违章作业、错误操作等。物的因素主要是设备设施缺陷、防护缺陷，作业场所物理、化学、生物危险等。环境因素主要是指作业场所的空气、光线、通行等方面对人产生的不良影响。管理因素指的是制度、规程、投入等方面的不足。由此也可以看出，人的因素无疑是引发事故的主导因素，因为无论是物的因素还是环境的因素基本上都与人有关，管理因素更不用说了，没有人哪需要研究管理。

物的因素相对好控制一些，静态的东西只要按规范把相应的措施落实下去，一般都不会有问题，而且落实也相对简单。而人的因素是动态的，管理起来就复杂得多了，也许前一秒和后一秒就有巨大的差别。人类行为的复杂性、动态性，导致人的因素的隐患时刻都有可能产生，靠安全监管机构查隐患，多花 100 倍的力量也不可能查清楚。唯有依靠他自己才有办法把人的因素的隐患降低下来。

每个人自己既是安全生产管理的主要对象，也是安全生产的主力军，更是安全生产后果的直接承担者，本身没有理由不参与安全生产。但是，一直以来我们受传统思维惯性、监管体制的影响，实践中员工在安全生产方面的参与度低得可怜，主动参与度更低，这其实是事故频发的很重要的根源。可以想象，如果员工很主动参与安全生产，主动献计献策，主动制止违章，安全生产事故还能有多少滋生空间呢！

2.3.3 持续的学习与训练

人类在动物世界中胜出，除了良好的群体合作之外，知识技能的传承优于其他生物也是非常重要的一个要素，正如许多科学家取得重大科学突破时，领奖台上总要谦虚地说自己是站在巨人的肩膀上，客观讲这也是事实。没有前人的积累，哪有如今的突破。

从古至今，虽然我们未必是善于创新的国家，但是我们一直都是一个善于学习的民族，我们的文化基因里处处体现出学习的编码。耳熟能详的"书中自有黄金屋""开卷有益""读书破万卷"等，都是我们日常生活的高频词。有人说，人与人之间最大的区别是学习。也有人说，读书人不可能都成为伟人，但是伟人都是读书人。的确，生活中可以看到，同等起步条件的两个年轻人，一个热爱读书，另外一个热爱玩耍，多年之后，两人的境界、成就天壤之别。伟人毛主席都开玩笑说："三天不学习，赶不上刘少奇。"按 10000 小时理论，多学 1 万小时就是多掌握一门专业。

一支有战斗力的部队一定是经过严格训练的，岳飞的岳家军、戚继光的戚家军无不是严格训练的结果。参加过抗日战争的老兵无不认同日本兵的作战能力，手撕鬼子只是影视笑话。鬼子之所以具有强大的战斗能力，也是长期严格训练的结果。川航刘传健机长如果没有早年在部队的严格训练，让心理、生理素质都得到巨大的锤炼，估计 2018 年 5 月 14 日的 3U8633 航班有可能成为航空史上的又一梦魇。

同样的道理，安全生产管理水平的高低取决于日积月累的学习和训练成效。学习越深入、训练仿真程度越高、个性化针对性越强，效果就会越好。我们应该从基本的安全生产知识、基本的安全生产技能和基本的安全生产管理起步，从接触到熟练再到养成习惯，这条脉络是安全生产领域生命的保障线。我们前面提到的许多在安全管理上具有领先优势的企业，并非天生就管的好、有优势，同样是不断学习、训练、改进、完善的结果。他山之石，可以攻玉，我们应该耐下心来，结合自身的实际学人之长、补己之短，真抓实干、强化相关的训练。

2.3.4 行为严格受控

对新员工进行安全生产培训时，常会讲到在企业"只有规定动作，没有自选动作"。看似有点机械，实际上也不可能完全做到，但是严格按规程作业是安全生产的有效保障，他们应该在职业生涯中尽快养成良好的安全生产行为习惯，好的习惯可以终身受益。许多违章事故的背后就是不按规程操作，自作主张、自作聪明是无知，也是祸根。我们常说有的外国人做事很机械，规定擦三遍桌子，即使桌子不脏也要一丝不苟地擦三遍。这真的好笑吗？试想，如果不这样能养成良好的职业习惯吗？能确保在桌子真的脏了时也能尽职尽责吗？他们这样做之后，创新能力就比我们弱吗？绝非如此，近现代世界，原创性的创新基本上都来自这些看似机械的国家。我们因为看不懂其中的道理而笑话别人，其实更可笑的是我们。

绝大多数岗位，只要严格按安全操作规程操作，风险都是可控的，安全就有保障。因为这些规程基本都是长期实践的结果，很多是事故之后不断完善出来的，前人已经为我们缴纳了学费，只是这些规程背后的故事可能早已被忘却了。我们没有必要再支付一次试错成本，只要严格按章操作即可。你一眼都能看出来的问题，基本上就不是问题，很有可能是最合理的存在，这就是任正非为何要开除任职一个月就洋洋洒洒写了万言书的北大博士的基本逻辑。华为的老将们率领华为从商战的丛林中搏杀出来，他们的见识、眼光、韬略岂能是一个刚毕业的毛头小伙可以比的，难道这些人会笨到连一些基本常识性问题都不懂？虽非绝对，但是至少可能性不大。严格按规程机械式地作业看似机械，其实对于组织而言往往是最高效的。企业需要创新，但是多数场合下企业更需要遵从，只有这样组织效率才能得到有效保障。

煤炭企业是我国安全生产管理进步最大的行业之一，最重要的秘诀之一就是严格二字。严格控制瓦斯浓度保证了场所安全，严格井下所有容易产生火星的作业和配置，严格监督作业人员按章作业等。在这些所有严格的要求中，严格作业行为是落实其他严格要求的基础。无论是瓦斯浓度控制还是禁止井下抽烟、防爆设备的使用等都离不开作业人员，只有全员都按这些规定做到位了，安全生产才能得到保证。

在澳大利亚一些矿山明确规定违章零容忍，比如要求车辆移动前必须鸣三次喇叭，被发现少鸣一次，雇主可以依此开除员工，而且得不到补偿。反之，一些在我们看来应该对员工做出开除处理的现象，反而在澳洲行不通，或者代价极高。其他很多发达国家也基本按此方式运行，他们的法律也支持这种做法。

2.3.5 风险分级管理并责任落实到人

风险预控管理是对系统中危险因素进行预先辨识和风险评估，并按照风险级别、所需管控的资源、管控能力、管控措施复杂及难易度等因素采取不同管控层级，确保风险受控、可控的风险管控方式。风险预控管控的原则是：风险越大，管控的层级越高，采取的资源越多，管控责任的层级越高。

风险分级管控的好处不言自明，首先通过风险辨识和风险评估可以发现许多以前忽视的风险，比如宁波推出城市风险管控以来，发现了许多原来根本就想不到的高风险区域、行业。风险辨识可以让我们认清自己，特别是让隐性风险现形。风险分级后每个层级每个岗位都有风险管控指标，一方面可以调动全员参与，另一方面可以让大家的工作聚焦，降低习惯性无助心理的发生。因为如果突然 10 件同样紧急的事件堆在一个人面前，估计这个人会疯掉，不疯也会焦虑得很，发展出破罐子破摔心态的概率就很高。

风险分级后还需要逐一落实企业、车间、班组和岗位的管控责任。真正的风险分级管控的实际操作是需要全员参与风险辨识的，而不是像标准化评审一样组织专门人员坐在办公室编制。大家参与与自己岗位相关的风险辨识，可以让自身更加清楚岗位风险，对未来的管控措施落实也有好处，毕竟自己亲自动手的东西自己也会更关注。责任落实到岗位后，责任也就更加清楚，可以避免出现责任分散导致最终无人负责的现象。这也就是管理专家告诉我们的，如果在大街上遇到歹徒，最好向特定一个对象求助，这样获得帮助的可能性更高。责任专一后，人类的主动性更容易被激发。

澳大利亚诺顿金田把风险分成五级，并分别赋予不同层级进行管控（见图 2-7）。公司要求员工要为自己的安全负责，班组长以上的管理者要对自己的管理单元负责。在开展每项工作之前，花 5min 时间进行安全超前预想，思考如何保护好自己、保护好工作伙伴及周边社区，避免遭受潜在危害的伤害。员工在下班前把存在的问题写在自己的隐患表上，在交接班时交给安全管理代表，安全管理代表分析并在交接班会议上交接落实。

国内的风险分级管控方法与此类似，只是原则上要求分到四级。国内安全管理优秀的企业多数也有进行风险分级管控，至少责任制落实得比较到位，各司其职保证了安全生产管理系统的有效运行。

2.3.6　信息上下左右通畅

管理界研究组织行为后认为，工作中 70% 的错误是由于不善于沟

			后　果				
			1	2	3	4	5
			无伤害	次要	中等	重大的	灾难性的
	A	几乎肯定	M15	H10	H6	H3	H1
	B	很有可能	M19	M14	H9	H5	H2
可能性	C	可能	L22	M18	M13	H8	H4
	D	很少	L24	L21	M17	H12	H7
	E	罕见的	L25	L23	L20	M16	H11

图 2-7　澳大利亚诺顿金田风险矩阵图（LS）

通造成的。我们日常生活中也常因沟通不到位，埋下许多误会。小品《一句话的事儿》有句台词："一句话的事儿，一句话能成事，一句话能坏事。"这折射出了生活的真谛，触动到了广大观众的心灵，赢得了广泛的赞誉。同样一句话不同人听到绝对有不同的感受，因为人类对来自外界的信息必定会有一个删减、扭曲的过程，选择性吸收是必然。人们需要通过沟通来影响他人的态度和感觉，并最终影响他人的行为。沟通是手段，是信息借助一些预先设定好的符号在个人之间实现传递，这些信息包括事实、情感、价值取向及意见观点等。

有效沟通如图 2-8 所示。

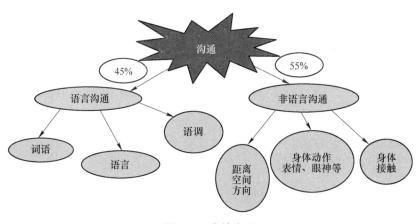

图 2-8　有效沟通

有人总结过管理中的八大误区，其中有一条是"不善协作、沟通障碍"。还有人归纳了容易造成管理困惑的 15 种原因，其中也有一条"指令不明确"。

安全生产领域，信息通畅同样重要。翻开事故案例，管理缺陷中至少70%是信息传递不到位造成的，包括信息发送方的发送方式缺陷，也包含信息接收方未能有效接收到信息或接收到信息后没有有效处理。比如，跑车事故，卷扬工把推车工不在状态的信息几十天前传递给了小队长，小队长没有处理，虽然传递了信息，却没有被正确接收。若卷扬工责任心再强点，把这些信息越级传递给安全监管机构，结果可能就不一样了。

优秀的班组建设中，上下班之间的交接班是很重要的一个环节，系统把上个班存在的隐患有效传递给下一个班，可以避免接班者在不知情情况下冒险作业。很多企业并不注意这些，交接班时面都见不到，最多本子上写几个字，这种做法，如果属于高危作业，不出事故是偶然。文字传递的信息的有效性只有7%，没有面对面，风险怎能控制得好？

安全生产优秀的企业，安全相关信息传递一定是比较到位的，高危作业绝对不可能出现书面技术交底的现象。上级的规定、要求、工作部署能够有效传递给每一个员工，工作现场存在的问题、隐患也能有效传递到相应的层级，并且有对应的措施、对应的监督检查、对应的作业闭环。

2.3.7 全员互助

一个好汉三个帮、众人拾柴火焰高、三个臭皮匠抵得上一个诸葛亮，这些俗语大家都很熟悉，说的就是在一个组织中合作非常重要。以色列新锐史学家赫拉利认为智人打败尼安德特人最重要的原因是人类能组织起超过150人的群体而尼安德特人不行；如果单挑，尼安德特人将完胜智人，但是，如果尼安德特人组织起100人的群体时，智人已经组织起了超过1000人的队伍，胜利的天平毫无问将向智人方向倾斜。以前认为一个企业如果人数超过100万人有可能是组织的灾难，但如今有的企业已经突破了这个组织规模，好像也没有出现灾难，这说明组织技术也在与时俱进。

安全生产管理是一门非常需要良好合作的科学。安全生产管理首

先是动态的，不可能是静态的，否则就不符合安全发展观了。要做好安全生产，人、机、环、管需要密切配合。设备设施、工艺流程、物资物品一定会在不同时空阶段由不同人员掌控，同一时空也是由不同人员管控。流程化作业本身就是环节配合，任何人都可能存在工作纰漏，需要有人拾遗补缺，自动补台，以防止事故的发生和蔓延。法律上在这方面也有明确规定，比如《中华人民共和国合同法》第一百二十九条规定："当事人一方违约后，对方应当采取适当措施防止损失的扩大；没有采取适当措施致使损失扩大的，不得就扩大的损失要求赔偿。"这就表明合作不仅仅是一种主观上的倡导，更是一种责任和义务。团队成员之间精诚合作，心往一处想、劲往一处使，不仅不会荒了自己的"田"，还能种好全局的"地"，取得 1+1>2 的效果。

良好的合作者之间互为内部顾客关系，环节与环节之间也可以看作是顾客关系，上下级之间、平级之间也可这样彼此看待。我们常说顾客是上帝，如果把与我们工作有关环节的同志都当做上帝，估计人际关系就会非常好，一个团体的成员如果都能这样思考，何愁工作做不好？何至于频繁出现因为信息不对称或孤立无援而导致安全事故？

2.3.8 领导率先垂范以营造良好安全氛围

领导在一个组织中往往就是旗帜和标杆，自己的言行就是风向标；而且行动的示范效应又远大于言辞说教。有样学样是人性必然，"兵熊熊一个，将熊熊一窝"和"其身正不令而行，其身不正虽令不从"说的就是这个道理。

安全生产也是如此，自己做不到的要别人做到，估计没几个人把它当真，这样的要求也是不道德的。假如企业规定上车要系安全带，否则重罚，然而领导上车后从来都不系安全带，这条规定很可能会被大家当作领导骗人的把戏。一定要相信群众的眼睛是雪亮的，没有人是蠢瓜，有时候员工只是不想揭穿上司的"画皮"罢了。

安全生产管理中特别要强调领导从我做起、以身作则的风范。给我冲与跟我冲，这两种风格产生的效果天壤之别。一个处处模范带头的领导可以把队伍的"气"带出来，"气"积累到一定阶段后就可以形成"势"，有了气势之后，各项工作推动将事半功倍。队伍要求不出来，但可以带出来。

中国的安全生产管理几乎从零开始，安全生产的社会基础十分薄弱，缺乏应有的社会氛围，"无知无畏"广泛存在，如果在企业这个小环境中缺乏领导的带头和表率，要做好的难度可想而知。好不容易建立起来的一点点安全行为习惯也许会被"说一套做一套"的领导瞬间摧毁。

安全文化建设中很重要一个环节就是领导承诺。大部分企业以领导签字代表领导承诺，但是很遗憾可能有些领导对所签文件的内容是什么都不清楚。也有一些领导在安全生产管理方面通常是"说起来重要、做起来次要、忙起来不要"，口头上滔滔不绝、鸿篇大论，行动起来支支吾吾、遮遮掩掩，涉及时间、精力投入时借口多多。这些表现都无法建立起真正重视安全的文化氛围，领导口头承诺是需要的，但更需要的是以实际行动来践行诺言。

安全生产抓得好的企业，其领导无不带头遵章守纪，带头学习安全管理知识、技能，带头为员工授课，带头参加安全生产活动，带头深入一线解决安全问题，带头关心员工生活，为各级员工树立了一个样板，进而把团队重视安全生产的氛围和气势带动起来。领导的这种影响力其实就是其领导能力的表现。

3 突　破

3.1　信念

　　要做好安全生产管理，一定要从内到外都坚信安全生产一定可以做好，坚信安全生产至今未做好的原因不是不能做好，而是方法需要改进和还需要时间积累。事实上也是这样，美国的矿业在二十世纪五六十年代死亡人数为 2000 人/年，而进入 21 世纪死亡人数大致为 30 人/年，下降了 98.5%（见图3-1）。我国的煤炭安全 1949 年百万吨煤矿死亡率达到 23 人，到 2017 年，煤矿百万吨死亡率为 0.11（见图3-2 和图 3-3），进步了大约 200 倍；从绝对指标看进步也很明显，2002 年历史最高峰死亡人数接近 7000 人，而 2017 年死亡 375 人，进步明显。

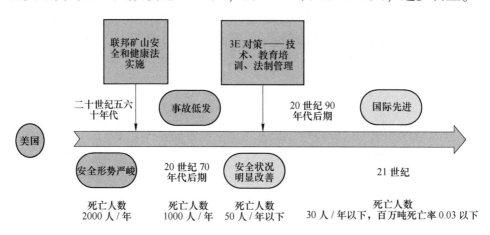

图 3-1　美国矿业死亡人数随时间演变过程

　　信念的力量极其强大，很多被认为不可能完成的任务被完成，不可能出现的奇迹偏偏就出现了，心理因素绝对是主宰。被视为西方近代军事理论鼻祖的克劳塞维茨在《战争论》中就曾写到：意志力往往

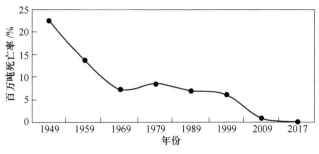

图 3-2　煤矿百万吨死亡率

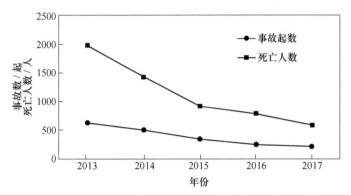

图 3-3　2013~2017 年煤矿生产安全事故起数和死亡人数统计

数据来源：《2013~2017 年全国煤矿事故统计分析及对策》

是对战双方胜负的关键因素，激烈的鏖战中，双方反复冲杀，同时有可能陷入弹尽粮绝的境地，谁能挺住这一口气，谁就能取得胜利。

有人统计分析过癌症，真正病死并不多，被医死的和被吓死的更多，特别是被吓死的据说占了 2/3，这是因为人们的普遍观念认为癌症是绝症，无药可治。有研究认为，癌细胞本身就是人体细胞的一分子，每个人都有，因为各种原因变得与身体无法和谐共存，出来捣乱，影响了正常的细胞活动，导致器官受影响。研究表明，长期的焦虑、熬夜、吃垃圾食品、接触过量辐射等都有可能导致正常的细胞癌变；反之，如果能有效控制焦虑水平，有效改善其他方面，很多癌症患者都能跟正常人一样生存。

医学家就曾认为，病人自己才是最好的药物，事实上医院每天开出的药中有 40% 是安慰剂。以感冒为例，医院开的治疗感冒的药中有相当一部分属于安慰剂，只能起到缓解感受的作用，并不能提前治愈，只要不是持续发高烧，正常人喝开水一周照样能够恢复。有些人生病

后到寺庙烧香拜佛，抽了一个好签，回去病就很快好了，从此就坚信"信则有，不信则无"，这也是安慰剂。

中国共产党领导的革命斗争最终能胜出，信仰的力量同样不可小视，否则有几个人能在那么恶劣的条件下坚持到底。耳熟能详的爬雪山、过草地、飞夺泸定桥，没有坚强的意志是不可能坚持下来的，这种意志就源自中国共产党领导人们推翻三座大山的坚定信仰。国民党败退到台湾后才知道信仰的厉害，可惜太迟了。

丧失信念有多可怕，这里也有一个例子。据说美国心理学家在20世纪五六十年代也做过一个有关信念的实验。把一个死刑犯拉到死刑执行室，手脚捆绑后，把他的眼睛蒙上，并对他说要通过割断他的主动脉让他流血而亡。心理学家在他的手上割了一刀，同时，有人悄悄地打开了水龙头滴答滴答放水，第二天去检查时发现这个犯人已死亡。其实这一刀并不深，根本就没有割到主动脉，不可能致命。

与战争和治病相比，安全管理相对要容易一些，心力也不要求那么高，不是开创之路，前人已经做出了许多很好的样板，只要认真学习、训练、强化、改进即可。但这一切的一切都有赖于我们必须坚定信念，坚信安全生产可以做好。

3.2 观念

3.2.1 所有事故都是可以预防的

管安全首先要做的就是控风险，高危作业未必就是高风险，高危作业可以通过很多措施把风险降低到可接受程度。如果确实没有办法控制到可接受程度，这项工作就不应该开展。如此一来，可以说所有可以开展的作业的风险都是可控的。有人也许会对这条观念提出疑问，理由是世界上没有绝对的安全，所以事故也不是绝对可以控制的，偶然性还是有的。的确，安全一定是相对的，全世界没有人能做到绝对安全，即使走在空旷无垠的草原上，也搞不好会被陨石砸到头。但是，风险控制技术完全可以把风险控制在自然风险同等水平，所以，"所有的事故都是可以预防的"这个观念从风险控制的角度来看就可以理解。

所有的事故都是可以预防的，这个观念最早由杜邦提出。杜邦公司早年深受安全事故的困扰，创始人皮埃尔·杜邦痛下决心改进，终于使安全形势逐年好转，成为全球安全生产的标杆，并在全球输出其安全生产管理技术。

我们分析安全生产事故后会发现，出现事故的地方多数情况并不是最危险的地方，反而出现在相对安全的区域，比如过道、井口、屋内，只要有一定的风险预防预控意识，就出不了事。国家的安全生产方针也提出预防为主，这方面有一系列有效措施。人的方面，从人员的选择，到人员的培训教育，到班组建设、手指口述，到作业中巡查，班后会等，都有完整的范本可借鉴。物的方面，设备、设施也有严格的准入标准，有系统的点检和巡检方法。在这多层防护罩中很多时候只要有几层起作用了，事故发生的概率就可以大大降低，比如前面说的，只要违章杜绝了，事故就可以下降85%，这完全是低成本、高回报的生意。

对风险的预测、预见、预警、预判、预演、预防、预控犹如把重拳通过棉花层层化解，高危作业风险自然实现降低到可控。比如防台风，2016年莫兰蒂台风防控就是非常成功的案例，中心风力达到17级的台风正面登陆厦门，人员伤害创历史新低。当时各级政府非常负责任，首先预测和预报了台风，并适时向社会通报进程，保证了危险信息的通畅；当预测到台风将登陆厦门时又提前进行了危险区域人员的转移，对容易被风吹倒的大型构筑物进行了加固；台风登陆当晚，加强了巡逻；台风过后又及时控制物价保障了市民情绪的平稳。整个过程体现了极高的风险控制水平，取得了很好的成效。

3.2.2　高危≠事故

过去的安全生产法提出了六大高危行业：煤矿、非煤矿山、建筑施工行业、危险化学品行业、烟花爆竹行业、民用爆破行业，2012年之后又把冶金、机械制造、武器装备研制企业纳入。安全生产监督管理机构把矿山（煤矿和非煤矿山）、建筑施工、生产和储存危险化学品企业（注意是生产和储存，没有使用和运输）及两个特殊行业——烟花爆竹、民用爆破器材共五个行业规定为属于需要办理"安全生产

许可证"的行业，这可以认为是国家安全生产监督管理系统认定的高危行业。

高危行业之外还有高危作业，包括动火作业、受限空间作业、吊装作业、临时用电、动土作业、断路作业、高处作业、设备检维修作业等。这些高危行业、高危作业确实是事故的高发领域，特别是在21世纪初，安全生产死亡人数达到历史高峰。面对高发的事故和人类在事故面前的无力感，有些人开始步入习惯性无助心理误区，认为搞建筑哪有没坠落的？开矿山哪有不出事的？做烟花哪有不爆炸的？……

可以理解这种无助感，确实许多事故让人似乎找不到规律，冷不丁冒出来，突然之间听到说某某从高处摔下来了正送医院抢救，确实会让大家吓出一身冷汗，如果性命不保，赔偿可能让这个项目白干了，甚至管理人员的人身安全都有问题。长此以往，有些工程项目施工承包负责人为此开始寻求上天的保佑。但求神拜佛真的起作用吗？难，除了给以员工心灵安慰之外，意义有限。

那么到底有没有一套高危低风险控制技术，完全可以把风险降低到可接受程度呢？答案是肯定的。从风险辨识开始，针对性地运用技术措施、管理措施、装备措施，完全可以实现高危低风险，安全开展高危作业。比如，高空坠落占建筑施工死亡事故的53%，但高空作业也有一系列安全措施可起到支撑和保护作用，最普通的有安全绳、安全网、防护栏杆、安全门等，还有安全管理方面的安全准入、安全培训、安全检查、隐患排查等，只要认真做好这些，高空坠落事故就可避免。

高危是指作业的危险程度，事故是一种后果，两者之间本身并没有直接关联，也没有完全的相关性。很多特大事故都不是高危行业，比如吉林宝源丰禽业事故，比如"8·2"昆山工厂爆炸事故，这些都不是高危行业，更不属于高危作业，是因为管控出现重大缺陷，低危行业反而发生了重特大事故。与之对应的是，只要管理和措施落实到位，高危作业同样可以避免事故发生。

把高危和事故隔离，建立高危≠事故的基本认知，可以把天马行空的思想拉回到现实中来，从管理和技术的角度思考寻找解决问题的办法，运营成熟的科学方案实现预期目标。

3.2.3　员工素质低并不是安全生产做不好的借口

有些管理干部认为员工素质低，所以安全生产没办法做好。素质低确实是一个风险因素，但是全社会人力资源供给就是这种状态，怎么办？大家都是这样的人力资源状况，为何别人做的比我们好？为什么比我们人员素质更低的国家也能将安全生产做得很好？

人类都有推卸责任的心理倾向，尽量将责任外化，对工作和生活中的问题，有错都是别人的，自己永远是对的，很少自我反省。同样地，以人员素质低作为管不好安全的理由，也是一种推卸责任的表现。

对这类主管，可以问问他，如果个个都比你强，还要你这个主管干嘛？埋怨员工素质低其实是将管理水平高低寄托在别人身上，这种思维本身就是无能的表现，心理学中所说的托付心理与此类似。管理人员若不想接受无能的定性，就不要把别人素质低作为推卸自身责任的理由，因为绝大部分人员通过一套训练都可以掌握必要技能，安全生产也是如此。知识是可以学习的，技能是可以锻炼的，习惯也是可以改变的。主管有责任和义务训练好你的员工，如果自己不会训练，可以学，再不济还可以请专业机构帮助。

安全生产管理之所以要摒弃借口，是因为借口容易让我们忽略事物的本质，自我催眠。日本大企业家提明义就认为没有带不好的员工，我们没有提明义这种水平和境界，但我们可以在人员进入时设一点门槛，可以认真进行培训，可以师傅带徒弟，可以清理一些确实不合格的员工，通过"传帮带"完全可以把他们带上安全生产之路。

"素质低，不是员工错"。管理者的责任首先是要营造一个规范员工行为的管理环境，指导员工、培训教育员工、不断提高员工的技能和素质。有效的安全教育首先要保障各级管理者具备相应安全生产知识和管理能力，这是员工掌握本职工作所需安全知识、安全生产技能和预防事故的重要途径。如果在管理环境和管理者素质两方面我们自身都不合格的话，那就没资格报怨员工的素质了，有些企业的安全教育之所以流于形式，针对性和实效性不足，究其原因也要源于这两方

面的自身不合格。

"自己的孩子不能靠别人养"，所有的管理人员都负有教育培训下级的责任。安全管理有一个重要的原则叫"3E"原则，"3E"原则中一"E"就是教育对策，即采取教育培训措施（education）：利用各种形式的教育和训练使职工树立"安全第一"的思想，掌握安全生产所必需的知识和技能。教育培训不仅要落实国家规定的安全培训教育的相关规定，同时注重现场指导和在岗培训提高员工的素质和技能。建立职工培训教育统筹计划和激励机制，建立"谁教育、谁负责"、员工传帮带、日常性安全教育、安全讨论、班前班后会、安全活动等机制，让员工入脑入心，内化于心、外化于行，坚持不懈地用安全规章标准严格地规范自己的作业行为，让安全成为习惯。

3.2.4 安全生产与企业效益正相关

人们常常认为安全生产与生产运营存在矛盾，安全生产好像是附加的一项任务，因为过去的生产组织习惯中没有这一提法，对突然出现的"一岗双责"感到很不适应。对于精益化生产企业，大家应该没有这种感觉，因为精益制造理念中就涵盖了安全生产。而建筑、矿业等领域远谈不上精益制造，人员也普遍缺乏全面质量管理的概念，好像安全生产是国家强加给企业的，理解安全本身就是生产组织中的一部分。生产岗位岂止"双责"，最少也有五六个职责，只是其他责任不显眼，没有突出来罢了。

基于上面的矛盾论，有人抛出了"安全生产是赔本买卖"这一论断。他们认为安全生产要做好，没有一定的投入肯定不行，煤矿要抽排瓦斯、井采矿山要上通风系统、高空作业要配置安全绳、炸药库房要配防静电服装，这都是费用支出。持这种观点的人是把安全放在了生产经营的对立面。

殊不知，安全本来就是生产的前提，不安全企业怎能持续运作下去？安全投入的性质更像投资而不是费用，这个账要从机会成本方面计算，从经济逻辑来看待，而不是财务会计核算逻辑。会计核算本身固有的缺陷使管理人员不愿、不敢进行安全方面的投入，但如果把安全投入当作投资来看，情况可能就好很多了。投资注重投入和产出，降低机会成本也可以看作是投资回报，这就像被告请了很厉害的律师，虽然要支付律师费，但避免了大额度的损失，这也是价值。

与上面这种投资思维相反的是，很多人在安全生产上经常容易犯一种被称为"混蛋效应"的错误。安全事故后为了摁住事故防止发酵，宁肯花大价钱摆平，赔偿受伤害者或其家属直接赔偿金之外，还要支付停工费、整改费、罚款等，严重的还要有人坐牢；但就是不肯在事故前花点小钱提高安全生产管理水平，也许平时只要花不到 1/10 的钱就可以做得很好，完全可以名利双收。这不是"混蛋"思维那又是什么？有专家统计分析过，安全投入其实可以产生 1∶4 的效应，也就是说，投入 1 块钱，可以产出 4 块钱的收益，是一桩非常合算的买卖。

当然，短期内可能安全与生产经营有些冲突，但从企业的全生命周期来看，安全生产只会提高企业效益，而不是拖生产经营的后腿。

3.2.5　尽职免责，失职追责

我国法律体系中有"无罪推定""疑罪从无""法无溯及既往"等基本法治原则。现在我们提出安全管理要"尽职免责，失职追责"，可以说与基本法治原则是相吻合的。

但是，在安全生产管理实践中，我们的许多做法往往不是按法律逻辑去执行，而是按照自我推卸责任的逻辑。我们的安全生产执法基本上以追究他人责任为目的，并以追究责任作为事故终结的标志。不管大家尽职与否，只要没有人被追究责任，调查人员就会被认为存在渎职的嫌疑，因为"四不放过"原则明确要求，一定要有人被追究。显然这与法律精神相违背，虽然一些有识之士和监管机构也意识到这个问题，但习惯性和原则性的改变不是一朝一夕能实现的。而在企业内部，推动变化的难度就没有那么大，也不会那么复杂，即使有点不妥也比较好处理。所以，是时候回归到本源、回归法治精神了，这对杜绝广大员工"赌命"心理大有好处。

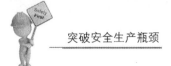

比如，一个常见的现象是，我们开车很少要求后排座系安全带，即使有要求也很少有人严格这样做，特别是车上坐的是领导的时候，就更没人特意强调了。驾驶员心里可能会想，纵使出了事情，坐车的领导肯定会大事化小、小事化了。很明显，在这里就存在责任不清晰的问题，我们也很少把这种情况的责任明确划归某个具体的人。而澳大利亚的企业在这方面有明确的规定，驾驶员有责任和义务要求在车子开动之前所有人都必须系好安全带；如果有人因为没有系安全带出现事故，驾驶员要承担事故责任，即使车上是领导也无例外。这种责任界定就很清楚了，如果车上的领导不系，驾驶员在提醒无效的情况下，车子可以不启动，这点驾驶员是可以做到的。在澳洲要开除一个员工是很难的，而且代价也很高，但是安全违章随时可以开除人，且不需要给予任何补偿，在这种体系下，傻瓜才去违章。

再说"失职追责，尽职免责"的问题，对前者大家都很清楚并认同，但对后者估计就有同志的思想转不过弯儿了。事实上，尽职免责可以让大家围绕自己的职责开展工作，只要努力到位、责任到位，即使天塌下来，也与我无关，不必天天提心吊胆。再往下延伸，只要大家都能踏踏实实履行好自己的职责，就不会有什么漏洞，做好安全生产就有了充分的基础。

根据人性机理，科学界定责任有助于正面激励。所谓"尽职免责，失职问责"就是尽职照单免责、失职照单问责。明确"尽职免责，失职问责"的目的就是要激励各级管理者和全体员工能够履职、敢于履职，对做"破窗"的管理者和员工进行问责，同时鼓励、奖励"补窗"行为。

要做到"尽职免责，失职问责"，首先是明责、定责，再后才是履责、追责，从而实现安全管理从"结果管理"向"过程管理"转变，安全管理考核从"结果导向"向"过程安全"转变。同时，在实施中贯彻"自查从宽、他查从严"的原则，鼓励自我发现问题、自我改进和自我提升，真正把问题解决在基层。通过"过程管理"和"过程考核"，建立自我发现、自我改进、自我康复、自我免疫的持续改善机制，使安全管理的适应性、充分性、有效性得到持续提升。

3.2.6　违章就是事故

事故的发生是许多因素互为因果连续发生的最终结果，不仅具有偶发性，更具有累积性、概率性、因果性，只要诱发因素存在，发生事故是必然的，根据事故偶然损失原则，事故后果及后果的严重程度是随机的、难以预测的。

海因里希法则和多米诺法则（多米诺效应）事故因果连锁理论，充分揭示了事故的规律，隐患就是事故的前奏，是风险不可控的结果。根据海恩法则，1000 起隐患中会产生一起重伤以上事故，1000 比 1 在普通人眼里属于小概率事件，换算为百分比也就是 0.1%，这种小概率常常容易被忽略。况且也许超过 1000 也未必就一定会发生重伤以上事故，因为事故还有偶发性等特征，进一步微观预测什么时间会发生就有难度。但是，一旦发生伤亡事故，受害者失去的也许是不可逆转的生命健康，这时后悔就太迟了。

这种事故的轻重大家都能意识到，但是人类对于"重要但不紧急"的事情容易忽视。比如，大部分人都知道要少喝酒、多锻炼，可是能坚持的有几个？很多年轻人也知道要不断学习，只是能坚持学习的年轻人并不多。人类更喜欢即期奖赏，常常沉浸于明日复明日的心理舒适区，很少有人愿意走出来。

隐患中有超过 80% 是违章引发的，也就是说 1000 起隐患中至少超过 800 起存在违章现象。按二八定律，把违章问题解决好了，事故发生的概率可下降 80%，而解决违章主要投入是智力和精力，金钱需求不多，性价比很高，显然是一笔好买卖。这也符合安全生产管理中关口前移的现代思想。正常的逻辑是，违章处理好了，隐患将大幅度下降，隐患大幅度下降将带来险兆的下降，进而带来轻微伤害的降低，最终是重伤以上事故的根本性降低。对于很多企业来讲，安全生产管理中的第一步奋斗目标也就实现了。

从这种逻辑出发，完全可以认为违章就是事故、违章等同于事故，不能因为违章暂时没有造成眼前的损失就将其放过。安全管理就是要采取一切措施，根除违章、消灭隐患，斩断事故链中的某一个因素，避免重大事故的发生。处理违章、消灭隐患，不能只看表象，要按事故"不放过"的处理原则，认真查找其产生的根本原因，查找管理上的缺陷和漏洞，查找为什么我们的风险管控机制未将其辨识或管控的原因，从源头上加以控制，真正解决"隐患重复出现"问题。

3.2.7 主动关怀就是竞争力

传说美国侵略越南期间，很多阵亡的连排级指挥官是后脑勺中弹，调查后发现，是被自己人背后开枪射杀的。有些士兵在战场上发泄怨气，把平时欺负自己的长官干掉了。老兵收拾新兵、长官欺负士兵的问题在军队中长期存在，没有得到有效的解决。改革开放后，部队互访发现中国军队中很少存在这种现象，一了解才知道，中国军队很注重思想政治工作，长官很亲民，经常与战士聊家长里短，平时很注重感情笼络，即使训练中有点怨气，也不会积攒。生活中也经常看到，退伍军人经常老班长、老班长地喊自己曾经的长官，非常亲切。当年这些长官的付出，赢得了战士们的尊重。美国掌握这些情况后，把关怀战士编制成标准，作为带兵的手册，到海湾战争时，军官后脑勺中弹的情况就少多了。

基层的一线员工，绝大部分都是非常淳朴非常厚道的，他们的诉求并不高，只期盼工资及时发放好养家糊口、晚上能睡个好觉、饭菜可口点，要求真的很低。但是很多企业连这点都做不到，有时根本就不把他们当做人，而是当做工具，呼来喝去、颐指气使，哪有人格和尊严？即使这样，很多人都忍着，只要工资及时兑现，也没什么怨言。他们真如鲁迅先生所写的，吃下去的是草挤出来的是奶。我国城市的飞速发展，如果没有这些可敬的兄弟们，绝对没有今天的面貌。这些基层兄弟，只要给一点点阳光，他们就能灿烂。

调查中有两个案例让人印象深刻。某采矿队有500多人，其中班组长有80多人，而矿山分管采矿的副总经理只认识其中三四十个班组长；另外一个矿山，总经理对600多人的采矿队能认识300多人，对90多个班组长不仅能叫出姓名，而且对他们的家庭情况也很熟悉，还经常关心他们的吃饭、住宿、工资，甚至"性"福，配偶探夫期间提供单间。自然，这两个矿山的安全生产工作也差距甚大。在第二个矿山井下，曾偶遇一铲运车司机，闲聊得知，外面有人挖他，给的工资大致 12000~13000 元，在这里只有 8000 元，问他为何不离职，他说在外面哪有这里舒服。他所说的舒服就是指吃的、住的，还有环境秩序卫生等综合感觉。所以，当有管理干部说工资低留不住人时，千万别完全当真。

再回到安全管理话题上来，所谓主动关爱指的是"在一个组织背景下，一种能使其他员工的安全尽可能得到充分保障的行为"。主动关爱理念主要包含三个层次的关怀：一是组织对员工的关爱。比如，员工作业环境的改善、劳动条件的改善、夏季防暑降温措施、员工职业健康与卫生措施等。二是上司对下属的关爱。比如，对下属安全行为的直接指导，对一直保持安全工作状态的员工的表彰和奖励等。三是员工之间的相互关爱，员工关注自我安全的同时，留心并关注其他员工的安全，并将自己的安全知识和经验与同事分享，团队协同互帮互助。比如，发现自己身边的员工有任何不安全行为和缺陷时，能及时纠正、制止和劝阻等。比起安全管理人员的专门检查，员工之间的主动关怀更能够适时地、全面地、准确地发现和纠正工作中的不安全行为。

3.2.8 安全是上岗的必要条件

"不安全不生产，不安全不上岗"应作为企业、员工开展工作的前提。这里所谓的不安全是指风险无法控制到可接受的程度，也就是说风险大于限定的标准。当员工暴露在这样的风险中，安全事故发生的概率将大幅度提升。在这种情况下，强行安排生产，员工不顾后果冒险作业，事实上得不偿失。人无远虑必有近忧，只低头干活不抬头看天的后果必然有被大雨淋到的可能。

企业在选择承包商的过程中同样如此，一个管理体系混乱的承包商，安全生产不可能做得好，一个安全生产劣迹斑斑的承包商，在任何一个工地发生安全事故的概率必然也是高的，因为安全也是一种习惯，除非他们内部有巨大的变革，否则不安全的惯性会如影随形。工

程发包主要是买方市场，发包方如果不从工程发包开始进行准入控制，继续按低价中标的思维运作，让劣质承包商进入自己的体系，后续安全生产管理难度将大大提高，如果遇到能紧密配合的承包商还好，业主多费点劲，安全生产还能得到一定的保障；如果遇到不配合的或阳奉阴违的承包商，业主被气死也没有用。有人说对这样的承包商可以清理出去啊，不过，实际操作中会发现，清理队伍绝非易事，涉及巨大的利益，他们有可能冒出一些匪夷所思的反制手段让你骑虎难下。这就是"请神容易送神难"。除非我们有比他们更高明的手段，即使这样也是杀敌一千自伤八百。源头关没把好，往往也是事故高发的一个重要原因，业主常常吃哑巴亏。

承包商进来后，开展工作前仍有必要进行安全过关，发放上岗证、进入危险工作场所时抽查，甚至人人过关，否则很难保证承包商将其应该承担的安全生产工作做到位。比如，承包商的人员很多也是新招的，三级安全教育是否到位、员工是否合格、安全生产管理人员配置是否符合标准等，都需要有审核的手段和措施。虽然国家安全生产监督管理机构把安全生产的主体责任归于发包人，这在法理上存在争议，但以此责任为动力推动企业不得不强化安全管理、严把承包商准入门槛，这在某种程度上也不算是坏事。

对工程队伍的员工，同样要纳入整体的安全管理体系。要把好员工（承包商）上岗关，督促承包商制定人员聘任、选拔程序，严把进人关。同时要通过培训教育让承包商的员工充分认识到安全是自己的事，自身要依法履行服从安全管理、接受教育培训、及时报告隐患和不安全因素等义务，熟悉岗位的安全风险因素、防范措施和应急能力，提升自身所需的安全知识和安全生产技能。对于安全状态达不到标准的员工和承包商，要一律禁止进入作业现场，对于现场发现的"三违"人员一律带离现场。通过这些措施来降低因员工素质达不到要求带来的作业隐患。

3.2.9 安全是全员的共同事业

没有全员参与，安全生产很难做好，即使有阶段性的成绩，也很难稳定。有些企业靠强压，靠重奖重罚确实也取得了阶段性成果，就如战时枪毙后退的士兵，逼着士兵往前冲，能有些用，可惜不会长久。强制也是人类的驱动力之一，只是非自发的，很难有效激发潜能。

安全本身是全员的安全，毫无疑问应该是全员参与的共同事业，只是因为我们的观念、理念滞后，才导致不少人认为安全是安全生产管理部门的事，搞得大家哭笑不得。其实，只要稍微思考一下就能明白，难道有人替我们受伤？难道从高空坠落有人替我们死？所有的伤害只能自己承受，安全生产首先是自己的事。这种观点本来应该是常识，可惜人们的思维惯性实在是强大，很多人不愿意走出心理舒适区，走出来了的人中还有一部分心存侥幸，中奖般的概率让人漠视危险的存在。

思维的转变需要一段漫长的路程，国家已经开始意识到这个问题，2017年10月10日国务院安全生产委员会就出台了全员安全化的通知，相信配套措施会跟进。在企业、单位这项工作完全可以先行，与国家相比，企业、单位涉及的人员非常少，可控程度高得多，考虑的要素也不要那么多，全员安全化比较容易做到，也完全有条件做好。

全员安全化工作，首先需要领导重视，特别是"一把手"。"一把手"作为旗帜，具有引领作用。"一把手"如果能充分认识到全员安全化的重要意义，并愿意带头示范、做表率，加上学习、引进合适的安全生产管理方法，没有理由带不出一支安全生产好队伍。因为没有认识到安全生产重要意义的人数众多，受到从众效应的影响，一般安全管理人员即使磨破嘴、罚破天也很难取得实质性进展。只有各级领导率先垂范，安全生产才能事半功倍，否则时间将很漫长。须知其他人强调100句也不如"一把手"带头示范一次。

安全生产管理的基本对象是企业员工，人人都是安全责任的承担者，人人又都是安全保护的对象。"造物必先育人"，企业管理者必须把企业的核心力量落脚在每一个员工身上。通过安全培训、教育、训练、参与等活动，一定能给员工带来一些变化，就像广告一样，天天播，即使很讨厌它，时间长了，不自觉就记住这个产品。

同时，如何调动员工主动参与、自愿参加的积极性，如何提高基层组织自主管理的能力，应作为各企业重点关注的两大课题。比如推行全员安全生产积分制管理就是通过建立员工安全绩效评估系统来调动全员主动参与的重要措施。在推进积分制的过程中关键是如何把全员参与安全管理的具体方式（如参加检查、教育培训、风险辨识、发现并报告隐患或三违、安全会议、安全建议等具体明确的工作内容）和具体成效，通过积分（奖分和扣分）进行全方位量化考核。在考核过程中应慎用惩罚措施，避免因处罚导致员工隐瞒错误，同时要树立安全榜样或典范，发挥安全行为和安全态度的示范作用。只有真正充分发挥好全体员工的主观能动性，全员主动参与，自身行为安全的同时互帮互助达到团队协同，才能实现全员安全化。

建立全员安全化的基本认知需要一定过程，这个过程可通过人力资源和心理学等相关技术手段来实现。安全活动丰富的企业可能会快些，其他企业可能慢些，但是无论如何，这是做好安全生产长治久安的必要路径，是全员的共同事业。

3.2.10　安全生产管理是一门技术

有管理学家说管理是一门技术，也是一门艺术，这话很有道理。不过，技术建立在理性的基础上，艺术更多建立在感性基础上。随着时代的发展，管理更像是一门技术，越来越多的管理方法、内容可以制定出具体的标准。这就像过去依靠大厨水平的中餐也开始被机器所替代，厨师的水平越来越不重要了，依靠管理技术完全可以快速模仿出一样味道的菜肴。安全生产管理也是一样，有很多管理方法可以借鉴，有很多管理工具可以使用。虽然如何使用和何时使用还需因时、因地制宜，但是，安全管理已经没有哪方面必须依靠感性的模糊嗅觉判断了，靠盐巴少许、火候七成等感性判断来烹饪的时候已经过去了。

宏观上有安全标准化技术、有风险分级管控技术、有本质安全管理技术，中观方面有杜邦安全管理方法、有南非钻石管理体系可以借鉴，微观方面有人的管理技术、物的管理技术、环境的管理技术，具体到某个单位，还有针对不同层级、不同岗位的安全管理办法。可以说，支撑我们做好安全管理的技术手段是应有尽有、全方位、全覆盖、无死角。

既然是一门技术，安全管理就有可学习性、可复制性，也容易传承。技术学习符合通常所说的10000小时定理，也就是说，只要肯花时间，大家都学得会。企业中从事安全生产管理的人员只要有几年现场工作经验，再花1000多小时，足够应付这项工作，其他岗位人员需要的时间可以更少。我国安全生产监管体系中有主要负责人安全培训、安全管理人员安全培训、特种作业人员安全培训，这三类属于国家强制培训考核；企业还有入职三级安全教育，还有每年年度安全培训教育，只要认真学习，绝大部人都能掌握基本的安全生产知识和技能。当然，掌握相关的知识和技能并不等于养成了安全习惯，习惯需要更多的时间来塑造，但这方面也有相应的技术手段可以借鉴。

在一个组织，主要领导最重要的安全生产技术是营造良好安全氛围的技术，就是要造势，要让员工们都感受到领导真正重视安全生产，而不是感受到作秀、表演。这方面的技术主要集中在领导力建设上，事实上营造氛围、带领队伍这种技术并不仅仅适用于安全管理，安全生产做不好的企业负责人其实在其他工作上也很难真正做得好，这就再次说明缺乏安全管理能力在一定程度上就等同于缺乏领导能力。就安全领导力建设而言，最有效的方法就是以身作则。如果员工们都感受到领导在学习安全生产知识，培训时领导全程出席，经常参与班组安全活动，经常带头关爱一线员工，那么其他人想不重视安全都困难。

现场的班组长作为兵头将尾，是安全生产领域最核心的战斗力，他们才是真正在一线"拼刺刀"的。班组长选拔和培训、班组建设也有许多现成的技术可以借鉴，比如白国周班组建设法、定置化管理、手指口述等。至于一线员工的培养，可以借鉴军队的很多做法，通过体系化的方式培养。

总之，安全生产管理是一门技术，是可以学会的。建立这个基本认知，可以让我们更加客观地看待安全生产，为做好安全生产奠定认知基础。

3.3　驱动力

当我们认识到某件工作很重要时，必须行动才有实现的可能，离开行动，一切都是幻想。行动的动力来源于两个方面：内生性动力和外部动力。内生性动力包括作为生物本能的动力，比如吃、穿、性等维系生命存在和繁衍的内在需求；外部动力来源于信仰、诱惑、威胁等精神层面的执著和坚持。

在农业文明向工业文明过渡时期，思维、习惯、规则也必然随之前进，但可惜很少有人能自觉自发自我进化，我们潜意识的第一反应就是"抗拒"这种变化。即使人类意识到某件事意义重大，在尚未把这种意识深入骨髓之前，意识与潜意识的矛盾和冲突会持续存在，人类改变习惯自主性行动的可能性只有 30%。安全生产也是如此，人人都希望安全，但人人都有长期以来形成的不安全习惯，"希望"与"习惯"之间的冲突就是安全管理要解决的症结，这种冲突也是"说起来重要，做起来次要，忙起来不要"的一个重要原因。

心理学家研究过，即使最理性的人，95%的行为也是感性的，人们日常活动的 90%源自习惯和惯性。很少有人能够意识到习惯的力量竟如此之大。无论我们是否愿意，习惯总是无孔不入，渗透在我们生活的方方面面。小到啃指甲、挠头、握笔姿势以及双臂交叉等微不足道的事；大到一些关系到身体健康的事，比如吃什么、吃多少、何时吃，运动项目是什么、锻炼时间长短、多久锻炼一次等；甚至我们与朋友交往、与家人和同事如何相处都是基于我们的习惯。

人类有依赖习惯的天性，所以有人说："不愿意思考和改变的状态是一种惰性，也是一种僵化的精神状态，它使我们的生活陷入了习惯运动，使我们失去了改变现状的能力。我们每天上网聊天谈论无聊的话题，结果浪费了大量的时间，我们每天晚上在家把电视从一个频道换到另一个频道，也浪费了大量的时间。而我们却很少寻求改变，去认真地思考如何让生活过得更简单、更有效，把时间集中在更加有意义的事情上。"

但是没有习惯行吗？答案是否定的。失去习惯的庇佑，人类很快会崩溃。有人研究认为人类每秒钟要接收几十亿条信号，如此庞大的信号如果不交给潜意识来处理，没有谁的大脑能够承受。

任何事物都有两面性，在享受习惯的好处时，不可避免要承受习惯的副作用。在安全生产中，"三违"屡禁不止，与习惯性违章大有关系。总是有人不断违章，怎么罚款都没用，处罚后可能好一段时间，过不了多久，老毛病又犯。有统计分析指出，违章中70%～80%是习惯性违章。每个人都会以自认为最小的代价获得最大的收益，违章作业往往会给人带来便捷和高效快感。就像闯红灯一样，特别是在绿灯闪烁红灯即将亮起时，如果没有抢过，心里常常不是滋味，副驾驶座的配偶也有可能抱怨；反之，在红灯亮起来之前如果抢过去了，很多人就会产生一种心理上的获得感，虽然事实上除了危险什么也没有得到。

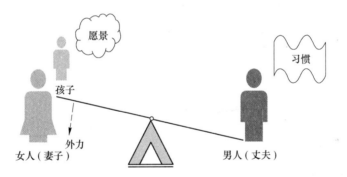

习惯是如此的根深蒂固、改变自己是如此之难，但如果在这个阶段有一些外部动力，可能效果会好很多。某亲戚年纪轻轻体重就接近200斤，自己很懊恼，家人很担心，多次减肥无效。后来接受了某教练的系统指导，健身并调整饮食习惯，每餐都需要把食物通过微信发给教练审核，最终将体重控制在150斤以内，形象大为改观，人也变得精气神十足。可以说教练这个环节发挥了重要的推动作用，因为人类的惰性常常阻碍自己改变，外界的压力能平衡一些这种潜意识带来的反作用力。

同样的道理，虽然越来越多人认识到安全生产的重要，但是这距离能真正做到位还差十万八千里。据研究，对科学的安全管理措施，

能主动成功转化的不到10%，但在外界动力驱使下，可成倍提升成功概率。

有外力驱动时安全生产成功达成的作用机制如图3-4所示。

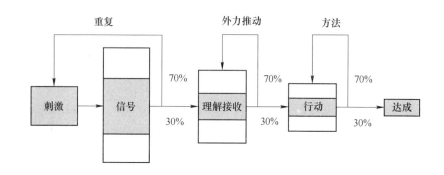

图3-4　有外力驱动时安全生产成功达成的作用机制

外部驱动力中诱惑是一个重要手段，主要是各种形式的奖赏。有人提出游戏化设置工作安排，这的确是好方法，不过能把工作、业务活动按游戏化方案设置的人才太少了，而且也并不是任何一项工作都能设置成让大家开心的游戏，何况还要考虑成本因素。金钱的奖赏是常用手段，也比较简单，但是这种手段效果很有限，也不能长久。据说中大奖带来的快感平均也只能持续1个月，超过这个时间，幸福感将恢复常态。

除了奖赏之外，以强制为主的手段必然成为某一阶段的重要选择。在东北看到过很多日本侵略时期留下的道路工程，有些还依然使用，这些道路有一个特点就是结实，几十年了，也很少坑坑洼洼。也许当时在刺刀底下没人敢偷工减料，这说明强制力是很有效的。

网络上对孩子的教育不少人推崇虎爸虎妈法，认为孩子教育必须严格要求。这种说法有失偏颇，不是建立在爱的基础上的严厉，不会有实质性效果的，太刚了一定容易脆断。这些优秀的父母绝非冷冰冰的面孔，而是恩威并施，只有这样才能形成长久的竞争力。

事实上，管理学上认为比较有效的领导模型是高要求和高关爱同步的领导方式，类似于胡萝卜加大棒，两手都要硬。

图3-5所示为领导行为四分图。

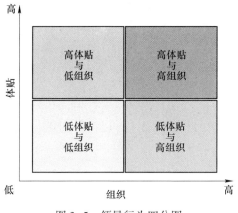

图 3-5 领导行为四分图

3.4 重过程目标

安全生产需要有高效的工作，高效工作需要目标指引。这就好比毫无目标在大街上闲逛，一天都无所事事，不知干了些什么，倘若明确目标——买菜，估计 10 分钟就解决问题了，效率的高下立判！放在广泛的角度对比，无法分辨好坏，人类是感性动物，有时需要发呆调剂，但是，从企业运营的角度，效率至关重要。明确的目标不仅能提高工作效率，还能树立信心。当我们在茫茫大海中游泳，如果看得到远方的陆地，即便很远，也能坚持游过去；如果陆地被大雾阻隔让人摸不清方向和距离，即使近在咫尺也可能放弃。

弗罗纶丝·查德威克 1952 年 7 月挑战横渡卡塔林纳海峡，如果成功，她将成为第一个横渡这个海峡的女性。那天早晨，海水冻得她身体发麻，雾很大，她一个人坚持游了 15 个小时后，她感到又累又冷，就请求随船人员把她拉上船，虽然教练告诉她海岸很近了，劝她继续坚持，但是因浓雾弥漫，她看不见加州海岸，心理崩溃。最后人们在离加州海岸只有半英里的地方把她拉上船。后来，她总结道，令她半途而废的不是疲劳，也不是寒冷，而是因为在浓雾中看不见目标。两个月后，利用大晴天，她成功地游过同一个海峡，而且比男子的纪录快了 2 小时。

当人们沉浸在当下着手的某件事情或某个目标时，全神贯注、全

情投入并享受其中，进入心流状态。工作中如果能进入心流状态，工作效率肯定低不了。研究认为，目标的清晰对进入心流状态起到重要作用。在清晰的目标指引下，随着工作进展，目标的梯度效应逐渐发挥作用，心流状态越来越成为可能，潜能也就能得到更好发掘。

对于目标设定，教科书介绍的技术是 SMART，也就是指具体的、可衡量的、可达成、相关性的、有具体期限的。这的确为我们提供了一个目标设定需要达到的标准。

但是，这对于安全生产而言远远不够，我们还要进一步明确什么是具体的，具体的之中又有哪些是需要优先达成的，这些突出来的指标会对整个安全系统带来什么影响等。

安全生产目标的确定是一个学问。安全生产目标该如何设置？很多企业把"双零、三零"作为目标。粗看没错，仔细思考存在许多不确定性。人类有一种很明显的现象就是，人们很难实现刻意追求的目标，特别是结果性指标。

为什么？因为刻意追求某一结果性指标，过程中容易走偏。比如，有人刻意追求当大官，采取行贿方式，结果东窗事发，不仅现有位置不保，还要锒铛入狱。安全生产也类似。所以，很多企业追求"双零、三零"，结果却是从来都没有实现过，甚至连进步都没有。

安全生产需要淡化事故后果性目标，要强化过程性控制目标。比如，不要把短期难以实现的"双零、三零"当作目标，而是应重点关注领导重视程度、全员参与度、行为受控率、关键作业点作业环节安全达标率、百万工时损工率等指标，并关注这些指标的进步，通过不断改善来实现最终"双零、三零"的结果。

当然，工作可以做得更细点，领导重视程度、全员参与度、行为受控率、关键作业点等指标可以进一步分解成更细的指标构成，比如，领导重视程度可以考察领导花了多少时间、精力到安全生产方面，领导自身的思想、观念、知识、技能提升了多少，领导与多少班组长谈了心，这些更能反映领导的重视程度。其他指标也类似，大指标由小指标构成，大目标可以分解成小目标来实现。很难的事情通过一层一层分解，到后面将变成比较容易实现的业务包，有利于树立信心。

确定安全生产的过程性指标是做好安全生产的基础性工作，选择好的过程目标来追求，有助于安全生产大目标的实现。

3.5 立即行动

原理、理论、理念、观念、动力、目标都具备了，如果不行动，全部都归零。战争中，司令部再好的战略部署都要通过战斗行动来实现。安全生产同样如此。再好的理念都要通过具体落实才能转化为现实生产力，犹如再好的发明创造也需要做成产品才能体验到它的价值。我们常赞扬某人品德高尚，有一个重要指标就是言行一致。安全生产是本职工作，做好它是全员的基本底线，上升不到道德的高度。但是，安全生产与其他业务一样都需要依据行动来支撑。从选人、育人、用人，到风险辨识、风险分级、安全措施实施、安全检查、隐患排查治理等都是具体的行动。

图 3-6 所示为各种因素对行为模式的影响。

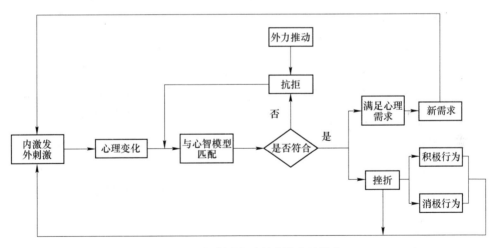

图 3-6　各种因素对行为模式的影响

有人研究过，所谓的天才，大多是默默比别人付出更多的人。芝加哥大学教授 Benjamin Bloom 调查了 120 个来自各行各业的精英人物，最终得到一个论断：所谓天才，并不能从青少年时期就发现。没有任何一个普遍适用的指标暗示某个孩子将来会成为行业顶尖人物，智商测试与他们最终在这个行业的成就并没有那么强的相关性，唯一呈现出强烈正相关性的是这些被调查者无一不是投入大量时间，刻苦训练，反复钻研。当然，有些行业确实需要天赋，比如艺术，但是天赋往往决定的是下限，而不是上限。个人成就主要取决于努力的程度。安全生产也一样，在正确的思维引导下，刻苦努力是唯一之路，方法、工具很多，需要结合自身实际不断付出，不断在行动中改善，安全生产的成就取决于组织付出的努力程度。从组织的最高长官开始，一直到一线操作人员。从思想、理念、方法的导入着手，到现场的实际操作。行重于言，每天多花几分钟，日积月累，小水滴终将汇集成江河湖海，展现出巨大的能量。

行动首先要从我做起，没有人能替代自己，就像吃饭一样，别人吃饱永远也不可能让自己变得不饿。安全生产管理领域，高级管理干部首先要以自己的行动来诠释对安全生产的真正重视，让眼睛雪亮的群众感受到这种氛围。安全生产管理人员要通过行动展现出应有的专业素养。班组一线员工要针对现场的岗位、作业特征，系统地开展安全生产相关活动。

行动必须有明确目标。就像瘦身活动，明确未来多长时间减重多少，身材如何。安全管理也一样，要有具体、可实现的量化指标，最好不要把"双零、三零"等结果性指标作为目标，而要多注重过程性指标，这才有助于行动落实。接着还要分析实现目标的过程中有哪些问题或课题需要解决，解决这些问题目需要哪些资源来支撑，包括人、财、物等传统资源，也要包括知识、技术、时间等资源。最后，就是具体的行动方案。

行动最重要的是当下。拖延是做好事情的大忌，永远都会有明天，不从现在就开始的工作安排通常会不了了之，除非有严格的计划。在生产实践中，一些企业安全生产没有做好的原因，并非没有手段，更不是没有方法，而是缺乏行动，喜欢拖延。问起来大家都说在有效推进，检查起来似乎也有些动作，但这只是"表演"而非行动。只有立即行动才能让理论与实践结合，优秀的方法才能落地，"最后一公里"问题的解决才能切入主题。

4 转 化

4.1 借鉴军事化技术

世界上最有执行力的组织是什么？

大家都知道美国有一所著名的军校，叫西点军校。这所军校是美国历史最悠久的军事学院之一。它曾与英国桑赫斯特皇家军事学院、俄罗斯伏龙芝军事学院以及法国圣西尔军校并称世界"四大军校"。

西点军校成立 200 多年以来，它培养出了 2 位美国总统、4 位五星上将、3700 多名将军。在全球 500 强企业中，从美国西点军校毕业出来的董事长有 1000 多位，副董事长有 2000 多位，总经理或者董事这一级的人才则高达 5000 多位。世界上没有哪一所商学院能够像西点军校一样同时培养出如此多的商业领袖和政界领袖！与其说它是军校，不如说它是商业领袖的摇篮之一。麦克尔·尤西姆指出，军事组织是世界上最严密、最成熟的管理组织。美国企业管理的精髓是军事化管理。

我国的 500 强企业，具有军人背景的总裁、副总裁有 230 人之多。联想、海尔、华为、远大、长虹、格力、汇源等知名企业都模仿和借鉴军事化管理手段。任正非先生说，解放军的军事化管理经验，成为企业竞争、制度建设、传承、员工忠诚、安全生产等问题的学习源泉。

具有强悍战斗力的军队必然有几个重要的要素：第一，要有信念，要么要有崇高的信仰，要么要有坚强的意志力，否则在搏命的阶段很难坚持，而且战争中有超过 70% 的不确定性存在，时刻要面对艰苦的抉择，精神力量是第一力量，就如《亮剑》中的描述，精气神是部队首先要打造的。第二，需要对进入部队的人员进行把关，要政审，否则溜进敌特人员就很麻烦；还要进行必要的体检，不能招收智力有严重缺陷的人，身体也不能太差，否则很难形成战斗力。第三，严格训练，战斗力往往是练出来的，通过系统化训练，把部队的文化融入，把必备的战斗技能传授过去，塑造良好的行为习惯。第四，行为高度受控，走有走的样、坐有坐的样，在家像军人，在外也体现素质。第五，爱兵如子，《史记》记载，吴起爱兵如子，深得士兵们的爱戴。有一次，一个刚刚入伍的小兵在战争中负了伤，因战场上缺医少药，等到打完仗回到后方时，那位小兵的伤口已经化脓生疽。吴起在巡营的时候发现了，他二话没说，立刻蹲下来，用嘴为那位士兵吸吮伤口，消炎疗伤。那位小兵见大将军竟然如此对待自己，感动得热泪盈眶，说不出一句话，其他士兵们看了，也深受感动。正因为吴起如此善待士兵，所以士兵们个个英勇善战。这种案例还很多很多。部队强调政治思想工作，比如基层连队推广"双四一"活动。即上级对下级和部属要做到知道下级和部属在哪里、在干什么、在想什么、需要什么，思想政治工作要跟上，下级和部属对上级要做到向上级报告在哪里、在干什么、在想什么、需要什么，有问题要依靠组织来解决。这个活动在组织管理过程中对于融洽官兵关系、上下级关系、工作关系起到了非常好的润滑剂作用，让很多因误解而产生的矛盾及隐患消灭在萌芽状态。

在中国，安全生产要做好，往往需要的是执行力。借鉴军队的做法，可以起到事半功倍的效果。

安全生产需要通过思想引导、行为约束、能力提升、管理规范等措施，培养和塑造全员安全意识和安全行为，最终实现"人人安全"。军事化在塑造人、培养人方面的很多成果可以为安全生产所借鉴，比如，军事化技术从兵源、练兵、练将、战术、团队、领导力、奖罚等方面都有成型的有效体系。安全生产与军事化技术对接，可快速、高效地解决现阶段我国安全生产中普遍存在的思维意识问题及执行力问题。

军事化技术能为安全生产所借鉴，主要在于两者之间有许多契合点。

第一，都有坚定的目标、信念。

军事化技术的直接目标是提高军队战斗能力，最终为了赢得战争；企业安全生产的直接目标是提高企业风险管控能力，最终为了实现"零伤亡""零伤害""零事故"。

第二，都需要系统化运行才能做好。

军事化技术的核心是有一套卓越的管理系统和科学运营体系，使普通的组织成员能够在卓越的系统和顺畅的体系中实现卓越的业绩，安全完成高质量的工作。日常管理严格按"三大条例"管理制度规范军人的言行举止，"三大条例"对战斗、训练、工作、生活中各项活动的行为模式进行精细、精准、精确的规范，实现全军将士行为模式规范统一。

安全生产也同样需要这种系统和体系，实现生产活动过程中人、机、物、环、法等生产要素的严格控制和高效管理，使安全风险处于有效控制状态。企业安全生产管理要建立健全的系统，精细、精准、精确、高效为特征的安全生产管理体系，从生产流程细节和人的行为细节入手，规范人的安全行为，控制设备安全运行，保证危险工艺和流程有序衔接，做到事事有标准、事事有措施、事事有闭环，以具体、明确、可衡量的标准取代笼统、模糊、随意的管理要求，用精细、精准、精确的行为规范代替凭想象、想当然的员工行为。

第三，都需要有门槛。

军事化技术采用严格身体体检、政治审查等征兵入伍条件保证兵源素质；企业安全生产管理也应该采用类似的体检、资格审查等手段对务工人员、承包单位等进行准入把关，保障全员基本素质符合岗位需求。

第四，都需要持续的严格学习训练。

军事化技术有一套成熟行之有效的教育培训体系和方法，促使"三大条例"转化为每个军人的自觉行为。如著名军事训练品牌"郭兴福教学法"是练兵的好方法，"四会"教练员机制是练"将"的好手段。"四会"教练员机制是指部队每年会从入伍两年、军事技术比较好、思想先进、作风优良、工作突出的战士中挑选预提骨干进行为期三个月的骨干集训，其间就军队涉及培训科目进行回炉，受培训的人掌握了培训技术的标准，优中选优，选拔苗子培养"四会"教练员，基层大量的"四会"教练员用传帮带的方法，源源不断地把技能培训推广下去。

企业安全生产管理也必须制定严格的安全教育培训制度，建立完善全员教育培训体系和培训档案，选拔、训练和聘任内部培训师，积极开展员工安全教育培训，使从业人员掌握安全生产基本常识及本岗位操作要点、操作规程、危险因素和控制措施，掌握异常工况识别判定、应急处置、避险避灾、自救互救等技能与方法，熟练使用个体防护用品，不断强化从业人员安全意识；有效的安全教育是做好安全工作的基础，让标准成为习惯、让习惯符合标准，使员工养成良好的安全行为习惯是安全生产工作的重点。

第五，都需要领导做表率。

军事化技术中处理官兵关系、上下级关系的准则是"官兵一致"，领导干部做到身先士卒、以身作则。

企业安全生产管理中"一把手"真正重视和积极参与是做好安全工作的前提，要求领导干部成为"有感领导"，要践行"一线工作法"，到一线去发现问题、在一线解决问题，与一线员工一同提高。

第六，都需要严格的过程约束。

军事化技术中对内务设置、营区秩序高标准严要求，塑造井然有序、优美整治的营区环境，养成自觉遵纪守法、讲究文明、注重细节的习惯，以营造团队的精神。

安全生产管理中"清洁就是安全、秩序就是效率"，人造环境，环境育人，通过塑造井然有序、促进遵章守纪的工作场所，提高员工修养，养成良好习惯，增强属地管理责任感，提升员工的敬业品质。

第七，都需要良好信息交流机制。

军事化技术模式具有严格、完善的沟通、汇报机制，经常性的政

治思想工作是明文规定的各级政治主官的主要任务，经常性的汇报总结和评价也是军事化技术优良作风，军中讲究"日日有总结、周周有总结、月月有总结、事事有总结"。

企业安全生产管理中也同样需要注重安全信息传播和沟通，要确认有关安全事项的信息已发送并被接受方接收和理解，同时及时有效获得、反馈各种安全信息，才能及时采取行动；向从业人员如实告知作业场所和工作岗位存在的危险因素、防范措施以及事故应急措施，是企业法定的义务；作业前安全技术方案的交底、风险分析、确认安全条件、预防和控制风险措施的确认，事事闭环管理，每班后都有总结和评价，使问题现场及时解决，是员工安全管控能力快速提升的关键。

第八，责任是核心，是第一素质。

军事化技术的文化建设以政治导向为核心，重视官兵使命感和责任感的培养，使命感和责任感是第一素质，军事化技术通过强大的思想政治工作、准战争状态、大家庭文化、荣誉至上和传统承续氛围、强大的执行文化、严格的奖惩机制，不断强化官兵使命感和责任感的养成。

安全生产管理中企业的安全责任是由一个个岗位在企业中最基本的责任单位相互关联共同支撑起来的，在岗的人要全面履行该岗位责任，落实属地管理，我的属地我负责。只有每个具体岗位人员能知责明责、能履责尽责，企业的安全责任才能落地。安全生产管理的核心工作就是如何激发每个具体岗位人员能知责明责、能履责尽责的内生性动力。

安全生产准军事化法是指企业在生产经营活动的全过程和日常管理中，结合企业自身管理实际，有机借鉴并有效地运用军事化管理中的某些管理方法、管理模式及管理经验，从安全管理的基本对象企业员工入手，通过在思想上引导、行为上约束、能力上提升、管理上规范，培养、提升各级管理干部和职工的安全意识和安全行为规范，促使企业全员在安全生产、经营管理全过程中都有规范的行为动作、标准化作业方法，创建培育积极健康的企业安全文化，实现"人人安全"的安全生产长效机制。

目前，国际先进科学的安全管理模式较为成熟，经过国内一些企业的探索实践，总结出了适宜我国国内企业的安全管理模式，但模式的运行需要在岗位转化、落地生根，解决安全生产"最后一公里"的问题。也就是"寻找适合企业实际的先进安全管理技术的同时，寻找高效的转化方法同样重要"。

军事化技术能为安全生产所借鉴，主要在于两者之间有许多契合点，有机借鉴并有效地运用军事化管理中的某些管理方法、管理模式及管理经验，强化员工行为素质，强力打造执行力文化，是实现先进安全管理模式在我国企业高效转化、标准快速复制和提升的有效手段。

结合企业安全生产现状、典型经验学习总结，通过"严格准入、严格培训、行为受控、主动关怀"等系统化准军事化管理技术，抓住关键，解决先进安全管理模式高效转化、标准快速复制和提升的问题，能快速提升管理者的安全领导力，快速严格规范人员行为动作，保证安全管理模式全员参与，促使企业全员在安全生产、经营管理全过程中都有规范的行为习惯、标准化操作和强烈的团队意识，使企业管理达到高度的统一和持续提升，将安全管理模式准确落地，不断强化，通过心理刻槽，让全员逐渐认识到安全的价值和意义，激发员工"人人安全"使命感和责任感的内生驱动力，逐渐养成良好的安全行为并转化为习惯，在其他措施的配合下，实现人、机、环和谐共处，达成"人人安全"的目标。

4.2　必要的基础工作

要通过全员安全生产责任制清晰安全管理的责任界面，解决"谁来管，管什么，怎么管，承担什么责任"的问题。

安全生产风险分级管控和隐患排查治理双重预防机制是我国推行风险管理的一项重要措施，总体思路是准确把握安全生产的特点和规律，坚持风险预控、关口前移，全面推行安全风险分级管控，

进一步强化隐患排查治理，推进事故预防工作科学化、信息化、标准化，实现把风险控制在隐患形成之前、把隐患消灭在事故前面。也就是把国外通用的风险管理中的"危险源的监控预警、不在控危险源的控制"，结合我国实际将其成分分解出来，单独强调，从而形成安全生产风险分级管控和隐患排查治理双重预防机制，解决"干什么，怎么干"。

4.2.1　全员责任体系

全员安全生产责任制是企业安全生产管理中最基本、最核心的制度，是企业安全生产规章制度的基础，其核心是清晰安全管理的责任界面，解决"谁来管，管什么，怎么管，承担什么责任"的问题。建立全员安全生产责任制，一是增强各级"一把手"、各部门管理人员及各岗位人员对安全生产的责任感；二是明确责任，调动各级人员和各管理部门安全生产的积极性和主观能动性，加强自主管理，落实责任；三是按照"尽职免责，失职追责"的原则进行责任追究。

全员安全生产责任制应根据企业岗位的性质、特点和具体工作内容，明确所有层级、各类岗位从业人员的安全生产责任，通过加强教育培训、强化管理考核和严格奖惩等方式，建立起安全生产工作"层层负责、人人有责、各负其责"的工作体系。

全员安全生产责任制要明确从主要负责人到一线从业人员（含劳务派遣人员、实习学生等）的安全生产责任、责任范围和考核标准。安全生产责任制应覆盖本企业所有组织和岗位，其责任内容、范围、考核标准要简明扼要、清晰明确、便于操作、适时更新。企业一线从业人员的安全生产责任制，要力求通俗易懂。各岗位员工能履责、尽责的前提是明责、固责，如何让各岗位职责全面无遗漏、清晰无交叉、责任明确、权利对等，可通过 RACI 模型的应用，帮助企业更加科学规划和构建全员安全生产责任制，细化制定各岗位职责。如表 4-1 所示，明确各级管理人员的安全管理职责。

表4-1 吉林紫金铜业有限公司经营层、总助、部门负责人安全管理职责分工矩阵表

人员或部门 / 安全标准化管理要素	总经理监事会主席	市场和人力副总	生产财务总监	设备技术总助	安全环保总监	党委副书记、工会主席	基建市场部	机电部	安全环保部	财务部	人力资源部	监察审计室	办公室	运营室	质检室	化验室	熔炼厂	制酸厂	电解厂	动力厂	选矿厂
一、法律、法规和标准																					
1. 建立识别和获取适用的安全生产法律法规、标准及政府其他有关要求的管理制度，明确责任部门，获取渠道、方式	I	I	I	I	C	C	S	S	R	S	S	S	S	R	S	I	S	I	I	I	I
2. 及时识别和获取适用的安全生产法律法规、标准及政府其他有关要求；形成法律法规、标准及政府其他有关要求的清单和文本数据库，并定期更新	I	I	I	I	I	I	R	R	A	R	R	R	R	R	R	I	R	I	I	I	I
3. 每年至少1次对适用的安全生产法律、法规、标准及其他有关要求的执行情况进行符合性评价；对评价出的不符合项进行原因分析，制定整改计划和措施；编制符合性评价报告	I	I	I	I	I	I	S	S	R	S	C	S	S	S	S	I	S	I	I	I	I

续表4-1

人员或部门 安全标准化管理要素	总经理	监事会主席	市场和人力副总	生产总监	财务总监	设备总助	技术总助	安全环保总监	党委副书记、工会主席	基建部	市场部	机电部	安全环保部	财务部	人力资源部	监察审计室	办公室	运营室	质检室	化验室	熔炼厂	制酸厂	电解厂	动力厂	选矿厂
二、机构和职责																									
1. 主要负责人组织制定符合本公司实际的、文件化的安全生产方针；主要负责人组织制定符合公司实际的、文件化的年度安全生产目标	A	I	I	I	I	I	I	R	I	I	I	I	R	I	I	I	C	I	I	I	I	I	I	I	I
2. 将公司年度安全目标分解到各级组织（包括各个管理部门、厂、班组），签订安全生产责任书；定期考核安全生产目标完成情况	C	C	C	C	C	C	C	A	C	R	R	R	A	R	R	R	R	R	R	R	R	R	R	R	R
3. 公司及各级组织应制定切实可行的年度安全生产工作计划	C	C	C	C	C	C	C	C	C	R	R	S	R	S	S	S	S	S	S	S	S	S	S	S	S
4. 主要负责人组织开展安全生产标准化建设	A	C	C	C	C	C	C	R	C	S	S	S	R	S	S	S	S	S	S	S	S	S	S	S	S

续表 4-1

安全标准化管理要素 \ 人员或部门	总经理	监事会主席	市场和人力副总	财务总监	设备总助	技术总助	安全环保总监	党委副书记、工会主席	基建部	市场部	机电部	安全环保部	财务部	人力资源部	监察审计室	办公室	运营室	质检室	化验室	熔炼厂	制酸厂	电解厂	动力厂	选矿厂
5. 制定安全文化建设计划或方案	I	I	I	I	I	I	R	I	I	I	I	R	I	I	I	I	I	I	I	I	I	I	I	I
6. 主要负责人应作出明确的、公开的、文件化的安全承诺，并确保安全承诺转变为必需的资源支持	A	I	I	I	I	I	R	I	I	I	I	I	I	I	I	R	I	I	I	I	I	I	I	I
7. 各单位各级人员要做出安全承诺并公示	R	R	R	R	R	R	R	R	R	R	R	R	R	R	R	R	R	R	R	R	R	R	R	R
8. 主要负责人定期组织召开安全生产委员会会议，或定期听取安全生产工作情况汇报，了解安全生产状况，解决安全生产问题	A	C	C	C	C	C	C	C	S	S	S	S	S	S	S	S	S	S	S	S	S	S	S	S
9. 各单位要定期组织开展本单位安全生产工作会议	R	R	R	R	R	R	R	R	R	R	R	R	R	R	R	R	R	R	R	R	R	R	R	R

人员或部门 / 安全标准化管理要素	总经理	市场和人力副总／监事会主席	生产财务总监	设备总监／技术副总	安全环保总监／党委副书记、工会主席	基建市场部	机电部	安全环保部	财务部	人力资源部	监察审计室	办公室	运营室	质检室／化验室	熔炼厂	制酸厂	电解厂	动力选矿厂
10. 公司应制定主要负责人、各级管理人员和从业人员职责	C	C	C	C	C	S	S	R		S	S	S	S	S	S	S	S	S
11. 建立安全生产责任制考核机制，对各级管理部门、管理人员及从业人员安全职责的履行情况和安全生产责任制的实现情况进行定期考核，予以奖惩	I	I	I	I	I	S	S	R		S	S	S	S	S	S	S	S	S
12. 按照国家及地方规定合理使用安全生产费用；建立安全生产费用台账，载明安全生产费用使用情况	I	I	I	I	I	S	S	S	A	S	S	S	S	S	S	S	S	S
13. 依法参加工伤保险，为全体从业人员缴纳保险费	I	I	I	I	I			I	C/S	R								

注：R—具体实施执行人（任务执行者：部门负责人）；A—牵头负责人（组织者：总助及以上人员）；C—参与，提供技术支持，咨询或审核人（分管领导或部门负责人）；S—支持，配合（厂、部室）；I—需告知人（需接受信息结果者）。

安全生产责任制应包括以下内容：岗位安全职责、到位标准（或考核标准，到位标准要依据岗位安全分析和岗位安全职责指南进行制定，要对关键点和关键步骤进行重点说明）、权限与义务。具体的落实流程可参考图 4-1。

图 4-1　安全生产责任制落实流程

管理岗位的到位标准要通过分解细化岗位安全生产职责清单，梳理各管理岗位人员的管理行为轨迹，结合其属地风险控制清单，把握关键风险管控工作节点和标准，细化年度、日常安全履职工作（规定动作）的具体内容。

操作岗位的到位标准，要通过分解细化操作岗位安全生产职责清单，梳理各操作岗位人员行为轨迹和作业流程，根据岗位作业标准（或作业指导书）和"手指口述"安全确认内容，以控制作业风险为目的，把握岗位安全操作关键步骤、执行标准和到位标准。

4.2.2 双预防机制

风险分级管控是对系统中所有危险因素进行预先辨识和风险评估，并按照风险级别、所需管控的资源、管控能力、管控措施复杂及难易度等因素采取不同管控层级，确保风险可控、在控的风险管控方式。

隐患排查治理是在对生产过程中各种危险源进行动态监控的基础上，对采集到的危险源动态信息，分析其风险状态，对不在控、可控的风险（隐患）及时发出危险预警指示，对发出不在控、可控的风险的预警指示，使管理层和责任人能够及时获取并按"定标准、定时限、定责任、定资金、定措施（整改措施、安全措施和应急预案）"的"五定"原则对不在控、可控的风险进行治理，并加以控制。隐患排查治理体系也就是危险源的监控预警（隐患排查）、不在控危险源的控制（隐患治理）。隐患排查治理示意图如图4-2所示。

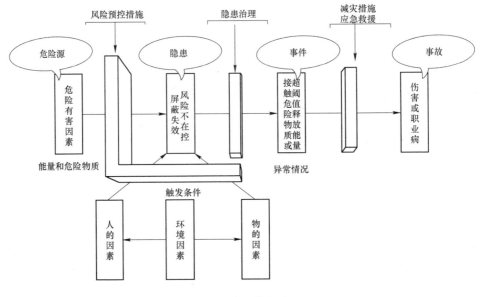

图4-2　隐患排查治理

危险源（风险因素）辨识是明确管控目标，风险评估是明确管控重点。安全管理标准与管理措施的制定，是明确管控依据、落实管控责任，使得风险管理"有法可依"，属事前控制；危险源监测监控、预警是实施过程控制、动态隐患排查，属事中控制；不在控危险源控制就是隐患治理，预防事故发生，属事后控制。风险预控、隐患排查治理具体程序如图4-3所示。危险源辨识、评估分级的程序如图4-4所示。

评估分级的原则：风险消减要与时间、费用、采取降低或消除方法难易度三者间达成平衡。在符合法律规定、政府监管、社会认可、企业愿景和实际的前提下，实现"合理尽可能最低"（ALARP）的风险可接受标准（见图4-5）。

针对不同等级风险，根据风险控制"消除、替代、降低、隔离、程序、接触时间、防护装备"的顺序，采取工程技术对策、教育对策、法制对策（3E原则），落实管控措施（见图4-6）。

风险控制的主要工作是对人的行为的控制。某矿山对全矿234项任务进行了风险辨识，辨识出风险因素1871个，其中涉及人员的风险因素占76%（见图4-7），即危险源的控制措施主要针对管理和个人防护。以人为关注点的安全管理，即打造人性化安全文化，随着时间推移，可以持续不断地降低事故的发生率，而通过硬件投入，只能短期降低事故发生率（见图4-8）。

生产工作中风险无处不在，且根据时间空间、地点环境、参与人员、设备状态等因素动态变化，风险管理也是动态的，应针对管理对象风险的变化而变化，所以安全操作规程及管理制度的制订应按照一定的流程进行，如图4-9所示。只有所有组织、个人掌握了风险分级管控核心思想、程序和工具（策略），持续对活动过程中的风险进行评估，并立即采取有针对性的管控措施，实现各管理层级或属地安全风险自辨自控，才是确保降低工作场所作业风险最有力、最重要的手段和方法，危险源控制流程如图4-10所示。

安全风险分级管控要有基层一线人员深度参与，他们是一线直接面对风险的战士、班组，只有他们掌握了基本风险分级管控思想、程序和工具，才能实现风险可控受控。

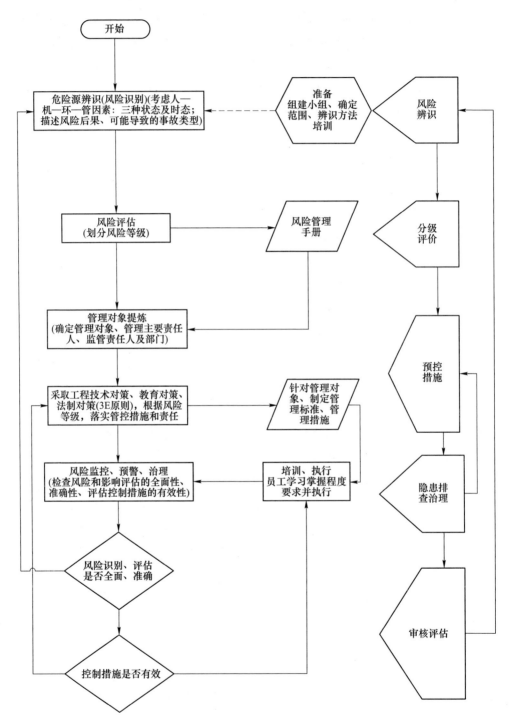

图 4-3 风险预控、隐患排查治理程序

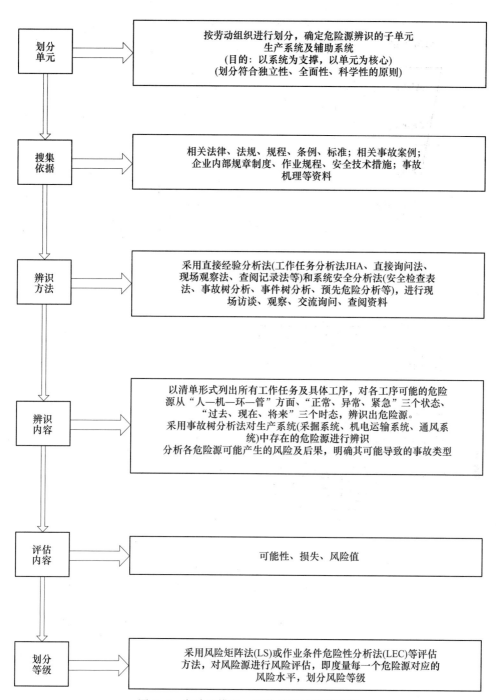

图 4-4 危险源辨识、评估分级的程序示意

ALARP准则	监管等级 / 风险等级	风险状态/ 管控对策和措施	管控级别及状态			
			高级别	较强	中等	一般
高风险 不可容忍区域	D(重大风险)	不可接受风险: 高级别管控措施——一级预警, 强制中止、全面检查, 立即整改, 高级别监管、否决制等	合理可接受	不合理不可接受	不合理不可接受	不合理不可接受
较大风险 最低合理可行区域	C(较大风险)	不期望风险: 较强管控措施——二级预警, 高频率检查, 强监管、制定措施控制管理	不合理可接受	合理可接受	不合理不可接受	不合理不可接受
一般风险	B(一般风险)	有限接受风险: 中等管控措施——三级预警, 中等监管, 局部限制, 有限检查, 警告策略, 控制整改等	不合理可接受	不合理可接受	合理可接受	不合理不可接受
低风险 普遍可接受区域	A(低风险)	可接受风险: 一般管控措施——四级预警, 关注策略, 随机检查、一般监管等	不合理可接受	不合理可接受	不合理可接受	合理可接受

图 4-5 ALARP 准则及风险评估原则

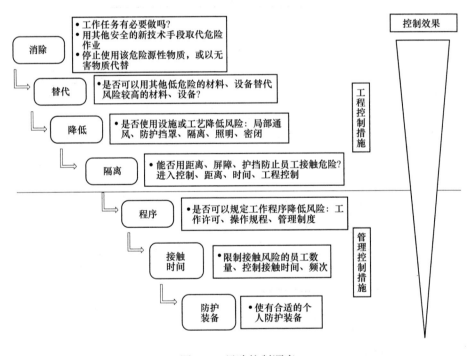

图 4-6 风险控制顺序

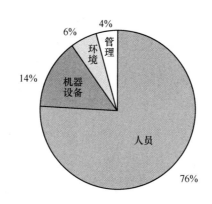

图 4-7　各因素对风险发生的影响比例

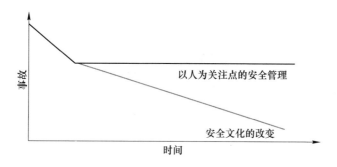

图 4-8　不同投入对安全的改善

　　基于任务的风险工具（策略）包括工作危害分析（JHA）或初步危害分析（PHA）、工作安全分析（JSA）、安全工作程序（安全操作规程）、安全行为观察（SAO）及"安全工作 5 步骤"。

　　阿舍勒铜矿风险预报公示（见图 4-11），按照管理标准和管理措施，落实管控责任和措施。低风险级别实施蓝色预报，由班长、安全员监控；一般风险级别实施黄色预报，由车间级单位正职监控；中等风险级别实施橙色预报，由厂级单位正职负责监控；重大风险级别实施红色预报，由矿长亲自督促，立刻停工整改。

　　吉林珲春紫金铜业有限公司共对 181 个风险点（含生产现场、办公区、生活区）建立了数据库，并导入了在线管控系统，在生产现场设置了 98 个 NFC 芯片，其中橙色风险点（二级）20 个、黄色风险点（三级）38 个、蓝色风险点（四级）40 个，同时为风险管控

责任人发放了 108 部 NFC 手机。风险管控责任人现场扫描 NFC 芯片后，可查看检查标准，录入检查内容结果，上传系统。若存在异常，由区域安全管理人员下达异常（隐患）处理通知，相关责任人对异常处理完成，并由监督人员验证后，反馈系统和安全部门，实现闭环管理。

吉林珲春紫金铜业有限公司安全风险等级空间分布如图 4-12 所示。风险管控责任人 NFC 芯片设置及手机操作界面如图 4-13 所示。吉林珲春紫金铜业有限公司员工风险报告表及班组交接看板如图 4-14 所示。

紫金山金铜矿安全生产相关风险告知及处置方法如图 4-15 所示。

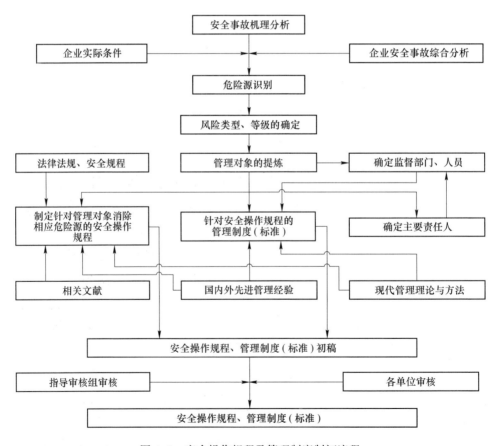

图 4-9　安全操作规程及管理制度制订流程

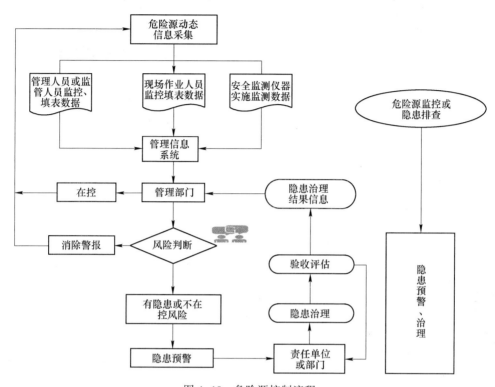

图 4-10 危险源控制流程

图 4-11 阿舍勒铜矿风险预报公示牌及作业项目风险告知

诺顿金田教育员工形成的理念为安全就是自己的事，安全就是生产的一部分，员工在生产活动中要自保安全，同时要互保安全。员工在下班前把发现的风险写在自己的风险报告表上，在交接班时交给安全管理代表，安全管理代表分析并在交接班会议上交接落实。按照"重点突出、简洁明了、便于操作"的原则，制作发放"一图一卡一册"，提升了企业在事故应急前期的处置能力。

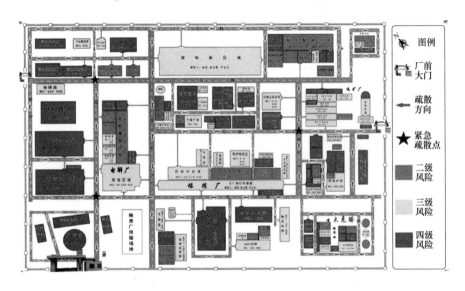

图4-12　吉林珲春紫金铜业有限公司安全风险等级空间分布

图4-13　风险管控责任人NFC芯片设置及手机操作界面

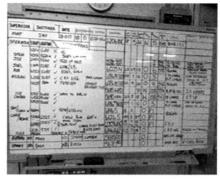

图4-14　吉林珲春紫金铜业有限公司员工风险报告表及班组交接看板

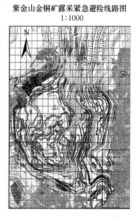

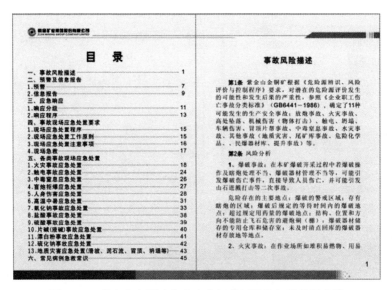

图4-15　紫金山金铜矿安全生产相关风险告知及处置方法

4.3　准军事化四大维度

4.3.1　严格准入

外部安全生产环境我们很难作为，但单位内部相对可控。我们总是要招收新人、购买新装备，工程也需要发包，在这些环节，我们应该有所作为，可以设定一定条件让进入我们体系的人员、装备、承包商相对安全些。比如，人员要体检合格、设备要符合安全规定、承包商要安全记录良好或安全策略符合我们的要求。在一些重要场所，还可以针对人员当班的状态进行审查，通过准入设置考察作业人员的基本安全知识储备，高频提醒作业人员的同时也排除一些实在太差的作业人员进入高危区域。这些做法既不违背法律原则，又可以降低安全风险，进而减少一些隐患，发挥第一重防线的作用。具体可以从以下几方面设置准入门槛。

4.3.1.1　把好工艺技术装备准入

系统的安全是作业场所人身安全的前提，生产工艺技术装备材料的安全管理是安全生产工作的重要组成部分，严把生产工艺技术装备材料的准入是一项重要举措。

欲善其事，先"安"其器，生产工艺技术装备材料准入首先要把好生产工艺技术装备材料的入厂准入关，把隐患拒于门外。定期检查，严禁不符合安全标准的设备进入作业场所，现场发现低于安全标准且无法修复的设备，要立即淘汰，过渡期间要采取安全生产管理措施、技术措施降低风险。

在生产工艺技术装备材料选择、选型、采购前要对生产工艺技术装备材料的安全技术要求进行论证，要选择适合企业工作场所、员工操作技能水平，符合安全人机工效，先进、可靠、稳定，本质安全程度高的生产工艺技术装备材料，严禁选用不符合相关技术标准和国家强制淘汰的不符合安全标准的生产工艺技术装备材料。严格工艺技术装备材料验收流程，确保工艺技术装备材料性能、质量，建立工艺技术装备材料安全信息档案。对技术含量高的装备、安全装置、安全附件要有使用部门或技术部门参加。

要把住临时性进厂装备准入关。对外协单位需入厂的临时性装备（运输车辆或起吊设备、气瓶、安全保护装备或用品、电焊机等），要规定必须经项目属地安全员进行检查，不安全不准入厂。

要管好安全生产设备、设施、仪器仪表及职业病危害防护设备设施改造。要"专""辅"结合、全面保养，不让"带病"装备运行。"专"是指专业性或计划性维护保养，"辅"是岗位操作员工严格的操作和自主维护保养，以提高设备的完整性和可靠性。要建立设备技术安全档案，对关键设备要进行定期预防维护，实行设备变更管理制度（同样要关注人的变更），对设备进行监控以便将设备故障频率控制在稳定状态，实行预测性维修方案，有设备运行方案及预防维护方案，有部分设备维修及操作程序。

4.3.1.2 做好承包商准入控制

根据统计数据，多数跨国公司一般使用约 60% 以上的承包商劳动力，且承包商劳动力大部分在生产一线风险较大的岗位工作。

承包商的安全业绩对一个公司的安全业绩至关重要，要确保承包商的安全业绩，承包商准入是关键。承包商准入可以按以下 6 个步骤

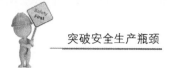

进行：

（1）考察承包商的守法、事故、伤亡及法律纠纷情况，严格审查承包商过往安全业绩、专业技术能力和资质。

（2）考察承包商书面的安全健康环保政策，安全期望。

（3）严格考察项目经理安全理念、知识、技能和安全生产业绩，作为工程招投标的重要指标。

（4）在签订合同时要明确健康安全环保条款。

（5）上岗前要教育及训练承包商的工作团队，合格上岗。

（6）审核及监督承包商的工作，定期进行安全业绩评估。

还有，不仅要关注长期承包商的准入和日常管控，也要关注临时性、季节性的承包商的准入，这些承包商往往安全管理能力较弱，要杜绝"劣质"承包商混入。

4.3.1.3 人员准入控制

部队进人有严格要求，除年龄、身高、体重及其他生理指标外，还需要政审，高标准的准入机制，是打造优秀团队的前提，兵源素质决定了团队的素质。比如，抗倭名将戚继光的招兵要求很清晰，小流氓不能用、花拳绣腿的不能用、年纪过40的不能用、高谈阔论的不能用、胆子小的不能用、长得白的不能用、性格偏激的不能用。能用的是臂膀强壮、肌肉结实、眼睛有神、比较老实、手脚比较长、比较害怕官府的人。

安全生产也应该借鉴这种准入方法。比如招聘凿岩台车操作工时，可以要求年龄18~55周岁；初中以上文化；经社区或者县级以上医疗机构体检健康合格，并无职业禁忌。重要岗位甚至可以做得更深入一些，有条件的可以进行家访，看看员工的家庭情况，这样开展安全生产工作就比较有针对性。

人力部门应协调安全生产部门，通过对各岗位安全条件和工作进行分析（岗位设置目的、岗位性质、任务、职责、岗位所处的环境和所需的劳动条件，可能涉及职业危害和风险，是制定岗位规范和工作说明书的依据），制定并明确各岗位人员准入与退出流程、岗位胜任标准（安全准入条件）。

（1）准入与退出流程。准入与退出流程是员工进入、退出系统的程序指导，是对员工进入、退出工作运行的规定性文件。要依据准入与退出流程，明确各岗位人员准入与退出各流程节点的具体要求（或标准）、管理责任人、跟踪周期等。

人员准入与退出流程如图 4-16 所示。

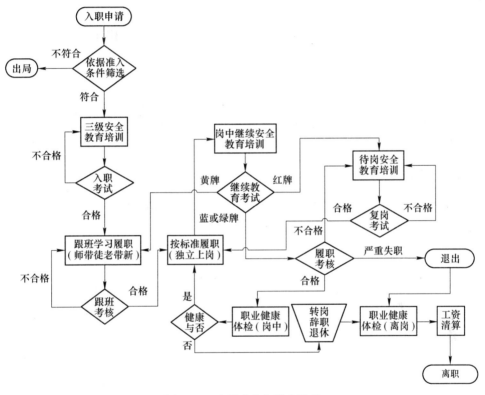

图 4-16　人员准入与退出流程

（2）制定岗位胜任能力评价体系。各岗位初入人员安全准入条件应明确具体岗位的能力标准，重点考虑岗位的能力要求、重要性、风险程度等要素。具体人员准入岗位说明书应包含以下内容：1）岗位职责和权限；2）身体条件/职业禁忌症；3）工作经验；4）知识和技能的要求。

（3）准入培训内容应能保证从业人员具备满足岗位要求的安全生产和职业卫生知识，熟悉有关的安全生产和职业卫生法律法规、规章制度、操作规程，掌握本岗位的安全操作技能和职业危害防护技能、安全风险辨识和管控方法，了解事故现场应急处置措施，知悉自身在安全生产方面的权利和义务。培训内容还要与职工目前的岗位需求以及今后的职业生涯相衔接。

（4）考核包括入职考核、跟班考核、继续教育培训考核、履职考核等四级，要根据各岗位准入条件和安全生产职责制定不同级别的培训和考核标准。

入职考核流程及内容如图 4-17 所示。

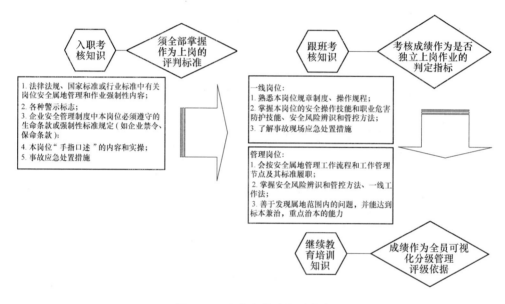

图 4-17　入职考核流程及内容

实施全员可视化分级管理，根据考核人员的成绩高低制定绿、蓝、黄、红等四种不同颜色的岗位标识牌，同时将成绩与安全奖和绩效工资挂钩，其中：持绿牌的人员作为岗位骨干人选，可作为基层教练员或班组长候选人进行培养，可参与岗位及相关岗位标准、规程的编制和制定，可承担安全协调员的工作；持蓝牌人员作为能合格独立作业或参与安全协调员部分工作；持黄牌人员禁止独立作业或参与安全管理；持红牌人员待岗学习培训。

不同颜色的岗位标识牌示例如图 4-18 所示。

| 绿色 | 蓝色 | 黄色 | 红色 |

图 4-18　不同颜色的岗位标识牌示例

（5）制定员工岗位安全生产胜任能力跟踪管理流程，建立员工信息库，动态掌握所有员工生产活动信息。

上述环节尽量要形成闭环，关键节点还需要有可靠的执行措施，比如体检环节，职业健康必须在可靠的医疗机构，由可靠的人员集中组织，避免输入性职业健康风险。

4.3.1.4　场所准入

矿山、冶炼行业属于危险行业，其各区域、作业场所风险程度不一，矿山、冶炼厂必须对各区域进行划分实行属地管理，落实属地责任。属地管理的安全职责之一就是保证其自身及区域内的作业人员、承包商、访客的安全，要组织区域内的作业人员、承包商、访客进行入场前培训和考核，确保入场人员了解作业区域的危害和安全规定。图 4-19 所示为厂区门禁示例。

4.3.1.5　作业准入

作业准入是作业时要对"人、机、环、管"各要素先确认安全后再进行作业，即"先确认，再生产"，经确认不安全，先落实预防措施，再次确认后才能生产。作业前"六预想"（想风险、想措施、想环境、想技能、想安全配备、想确认）、危险作业作业票制、班前会都是作业准入的重要措施。

图 4-19 厂区门禁示例

例如：紫金山金铜矿井下采矿场前对下井人员进行安全培训，井口管理人员对下井人员必备的安全劳动保护用品进行检查，同时在井口前设置考试系统，人员进入之前必须正确回答安全知识考题，给予一次补考机会，无法通过者，认定为知识储备不合格，禁止进入作业场所。紫金山金铜矿入井准入如图 4-20 所示。

图 4-20 紫金山金铜矿入井准入

4.3.2 严格培训

战斗力是练出来的，我们都听说过新兵训练 3 个月，为何要训练 3 个月，也就是 100 天左右。这符合人性规律，因为习惯的塑造平均需要 69 天。我们经常可以看到原来调皮捣蛋的小伙子，当兵后变了一个人似的，变得彬彬有礼了，这就是训练的效果。通过良好的训练可以塑造出服从纪律、忠诚敬业、团队合作、奉献精神等优良品质，还可以提高战斗技能。抗倭名将戚继光的练兵体系大体分纪律训练、武艺训练两大类，纪律训练的目的是让士兵服从指挥。戚继光说："古今名将用兵，未有无节制号令，不用金鼓、旗幡，而浪战百胜者。"武艺训练主要是团队协作，比如按照年龄大小、身材高低、体质强弱的不同，分别授以不同的军器。严格的训练保证了戚家军的团队作战能力。

　　培训在安全生产中占有重要位置，由于我们缺乏社会基础性的安全教育，国家规定的安全培训又远无法达到养成安全行为习惯的目标，因此，建立符合企业实际的安全培训体系非常重要。这个培训体系应包括准入级的培训，也就是国家规定的三级安全教育，还有上岗过程汇总要不断强化，最终让员工养成良好的安全行为习惯，这才是比较有效的安全生产培训体系，就像教孩子骑自行车，一般先要把他扶上去，大人抓住车子，慢慢地推着车子走，这个过程可能要重复很多次，到他找到感觉后，尝试性放手，在意识刻槽的作用下，逐渐形成自主控制车子的能力，再经历一些摔跤过程，技术也就熟练了。安全习惯养成过程中，重复很重要，外力在起步阶段也很重要，如图 4-21 所示。

图 4-21　安全习惯养成过程

安全生产培训要重点注意以下六个方面。

4.3.2.1　培训计划的前瞻性

　　培训方向要与职工眼前的岗位需求以及今后的职业生涯相衔接，要通过建立岗位培训需求矩阵来制定岗位培训计划，针对不同的对象制订不同的培训计划，通过分阶段、分步骤、递进式培训，实现职工安全意识和安全技能的螺旋上升，为企业的安全稳定发展提供高素质的职工队伍保障。岗位培训需求矩阵见表 4-2。

表4-2　岗位培训需求矩阵（供参考）

培训内容	培训方式	考核方式	参加人员及要求（周期与水平）				
			员工及班组长	车间级干部	厂（处）级领导	副总经理或副矿长	总经理或矿长
相关法律法规	K	E	E1	E1	E2	E2	E3
企业组织结构	K	I	E1	E1	E1	E2	E2
通用安全规则	K	E	E2	E2	E2	E2	E2
岗位安全规则	K	E	D3	D3	D3	D3	D3
安全标识标语	K	E	D2	D4	D4	D4	D4
个人安全防护	S	J	C3	C3	C3	C4	C4
安全生产责任	K	E	D2	D2	D2	D2	D2
安全操作规程	S	J	C3	C3	C2	C1	C1
安全生产合同	K	E	E1	E1	E1	E1	E1
企业安全文化	K	I	D2	D4	D4	D4	D4
应急知识技能	S	J	C3	C4	C4	C4	C4
工余时间安全	K	E	D2	D2	D4	D4	D4
事故案例教训	K	E	C2	C3	C4	C4	C4
上级文件精神	K	I	A1	A4	A4	A4	A4

注：1. 培训方式：K—课堂培训；S—操作实践；Z—在岗培训；X—自学。

2. 考核方式：E—笔试；I—口头提问；J—技能演示。

3. 培训周期：A—每周；B—每月；C—每季度；D—每半年；E—每年。

4. 达到水平：1—学习知晓；2—熟记掌握；3—独立应用；4—指导他人。

4.3.2.2　培训方案的针对性

要结合不同人群的安全知识、认识程度、自身素质、体能条件以及工作岗位需要等多种因素，找准培训切入点，使培训内容各有侧重。

一是根据新员工来源制定专项培训和计划。如：对大中专毕业生培训主要以各项安全管控能力、创新能力和技术标准、法律法规等为主，提高安全素质和执行力；对技校生培训主要以安全意识、操作技能、危险源辨识和安全防范处理能力以及安全常识等为主，提高岗位危险辨识能力，规范安全行为；对文化水平较低的人员教学难度及任务相对较大，除了常识性教学外，主要加大各种理论方面教学，提高文化水平，增强安全意识。

二是根据员工的不同岗位制定培训方案。对基层员工要在培训中突出岗位特点，着重岗位操作技能培训、现场安全确认、手指口述、岗位描述、应急预案演练等安全管理培训，强化企业安全文化教育。对中高层管理人员要在培训中突出领导安全能力和安全领导力的系统培训，提升中高层管理人员安全管理手段、知识和技巧。

4.3.2.3 定单式的"一岗一库"

依据国家和地方有关法律法规与政策规章，国家或行业标准、规范、规程，企业有关安全生产规章制度，部门有关管理办法、作业指导书或操作规程，结合岗位培训需求矩阵，将以上内容摘录出来进行整理，从网络上搜集相关影音资料（或结合企业自身实际录制），编制出适合于不同岗位的、内容形式多样的安全教育培训教材和考试题库，建立安全教育培训资料库，做到"一岗一库"。考试题难易程度应分别设置"了解、掌握、提升"等三个级别，其中应掌握部分必须全考且必须全面掌握。要借鉴美国驾驶培训考核模式，核心知识必须满分才能通过。

"一岗一库"的主要内容原则上应包括岗位描述与准入、应知内容、应会内容、工作流程与管控方式、履职考核等内容（见表4-3）。

表4-3 岗位培训资料库主要内容（供参考）

项目	内 容 要 点
岗位描述与准入	1. 岗位名称、工作内容概述、岗位关系（组织结构）、工作权限； 2. 任职资格条件（身体条件、教育背景与专业资质、工作经验、知识基础、入职审批程序等）
岗位应知内容	1. 与岗位有关安全的法律法规、国家标准、行业标准； 2. 企业安全文化及所有安全生产管理制度中涉及岗位需遵守的内容； 3. 岗位可能涉及的事故应急处置知识
岗位应会技能	1. 掌握岗位安全操作规程（或管理工作标准），并具备实践能力； 2. 掌握岗位存在风险与控制措施； 3. 掌握岗位可能存在的隐患和排查整改措施
工作流程与管控方式	1. 工作目标与具体岗位安全生产职责； 2. 年度、月度、日常工作流程内容与履职标准； 3. 工作履职管控（记录）方式，包括本职工作记录及上级管控记录方式

续表4-3

项目	内　容　要　点
履职考核	1. 履职考核内容； 2. 履职考核记录（包括原因、时间、改进及处理建议）
考试题库	1. 各岗位入职考试题（分"了解、掌握、提升"三部分）； 2. 各岗位跟班考核题（分"了解、掌握、提升"三部分）； 3. 各岗位继续教育考试题（分"了解、掌握、提升"三部分）

4.3.2.4　培训形式和方法的灵活性

在培训的方式和方法上，要推进由分散无序的单一培训向系统化、规范化的体系培训转变，要由单一课堂模式向多元教学模式转变，充分利用实操基地进行实践教学，从传统的我说你听、我打你通、重讲不重练的培训方式中跳出来，既重视理论灌输，又重视实践能力培养；既重视专门的集中培训，又重视日常工作过程中随机的讨论学习，如班前班后会（见图4-22）、班中安全互查、每周的现场处置预案演练、员工参加安全行为观察和沟通（SAO）等。培训的时间可化整为零，灵活安排，培训的地点可因地制宜，就地取材，培训的教材要量身定制，自编为主，以丰富多彩的培训形式激发职工的学习兴趣，调动职工参与培训的积极性。

培训方式可以采用直接传授型培训法（讲授法、专题讲座法）、实践参与型培训法（演示与模拟法、体验式培训（见图4-23）、研讨法/头脑风暴法）、态度型培训法（角色扮演法、拓展训练）、科技时代的培训方式（视听法、网络培训、视频远程培训、VR体验、游戏化培训、三维可视化培训）等。安全管理机构要认真研究如何高效培养新人的方法、模式，创新培训方式，提高培训效果。

教育培训要既重视邀请企外专家授课，又重视发挥企业内部生产骨干的传帮带作用。在具体的培训过程中可以借鉴以"摸清底细，因人施教；分清层次，由简到繁；归纳要领，做出样子；情况诱导，正误对比；重点提问，反复练习；民主教学，运用骨干；评比竞赛，广树标兵；宣传鼓动，做思想工作"为特点的著名军事训练品牌"郭兴

图 4-22 波格拉金矿班前会议

（波格拉金矿每班班前会议利用 20 分钟开展安全和环保知识培训，每班班前会有一个主题，
以安全理念、安全知识等为题目。各单位或部门每周必须召开一次安全专题会议）

图 4-23 黑龙江紫金铜业建设培训体验馆

（对员工进行高空坠落、触电、物体打击等现场体验）

福教学法"，结合实际情况将其转化为安全教育培训方法。

为确保培训频次和时间，可结合企业实际情况，规定各级人员参与培训频次和时间的最低要求（见表 4-4）。

表 4-4 企业各级人员参与培训最低要求（供参考）

培训种类	岗位	参与频次	时长/h	备　注
入职培训	一线生产	1	72	三级教育
	中基层管理	1	72	三级教育
	经营层	1	72	入职培训
	行政后勤	1	24	入职培训
岗中培训	一线生产	每周	1	≥20 学时/年
	中基层管理	每旬	1	≥20 学时/年
	经营层	每月	1	≥16 学时/年
	行政后勤	每月	1	≥12 学时/年

4.3.2.5 培训效果的有效性

教育培训内容的合理安排、培训形式和方法的持续改进、培训目标的科学设定都是为提高教育培训效果服务的，努力实现教育培训效果的最大化，是教育培训工作的出发点和落脚点。为此，必须对每一次的教育培训活动进行有效评估，通过座谈讨论、理论考试、现场操作考核、安全行为观察等多种方式，准确评估教育培训的效果究竟如何，通过评估促进教育培训对象深化对培训内容的进一步掌握，了解培训工作还存在哪些不足之处，从而在下一次的教育培训工作中加以改进，为做好今后的安全教育培训工作明确方向，奠定基础。

企业各级人员参与培训后考核方式见表 4-5。

表 4-5 企业各级人员参与培训后考核方式（供参考）

培训种类	岗　位	考核方式	备　注
入职培训	一线生产	理论机考、实操	
	中基层管理	理论机考、访谈	
	经营层	理论机考、访谈	
	行政后勤	理论机考	
岗中培训	一线生产	理论机考、实操、行为观察	
	中基层管理	理论机考、访谈	
	经营层	理论机考或讨论	
	行政后勤	理论机考	

4.3.2.6　重视师资队伍建设

安全培训教育是安全管理部门、各级属地主管和直线领导的重要职责，管理人员要主动承担培训师或教练员责任，各企业要根据培训需求计划，加强"四会"（会讲、会做、会教、会做思想工作）安全教育培训师（含基层教练员）的培养和管理，明确管理者就是培训师，基层岗位能手要培养成基层教练员，确定或选出不同层次不同专业的培训师，建立内部安全培训师（含基层教练员）库，建立健全培训师的培养、考核和激励的管理机制。大部分企业可以委托专业机构培养专兼职培训师，可按每100人配置一名专兼职安全生产培训师。

三级安全教育培训。厂级（公司级）教育培训讲师原则上由厂级（公司级）专职培训人员担任，车间级教育培训讲师原则上由车间级专职培训人员担任，班组级教育培训讲师由班组长或安全协调员担任。培训讲师须组织新入职人员培训，并组织进行培训后的考核，对参加培训人员培训情况进行把关，确定合格后方可转至下一级培训。讲师须定期汇报教育培训情况，将新入职人员进行分类，区分培训效果优秀、良好与合格的人员，定期跟踪新入职人员安全素质，并将相关情况告知本人及其管理人员，形成相应的信息台账。

岗中安全教育培训或待岗教育培训，应根据岗位特点选拔有经验的员工作为讲师（现场教练员），并组织工种相近的员工在一起培训，在同一期的培训班中，切不可"鱼龙混杂"。针对一线员工的岗中安全教育培训，应选拔"安全标兵""安全先进个人""安全先进班组负责人"等员工作为讲师；针对管理岗位员工，应选拔"安全先进干部""安全先进科室或厂处室负责人"等员工作为讲师，以先进带动落后，以鼓励先进更加先进。

可定期组织对安全培训师进行专题培训（企业也可自行组织），不断提高培训师的培训水平。根据培训效果，企业可给培训师发放相应津贴，并每年对培训师库进行更新。

企业各级管理人员培训授课要求见表4-6。

表 4-6　企业各级管理人员培训授课要求（供参考）

培训种类	岗　位	授课级别	授课频次	时长	备　注
岗中（或待岗）教育培训	班（组）长	班组活动	≥1次/周	1h/次	须将培训资料、过程影音及考核结果如实记录
	车间级领导	每周培训	≥1次/旬	1h/次	
	厂（处）级领导	每周培训	≥1次/月	1h/次	
	安全总监或分管副总	月度培训	≥1次/半年	2h/次	
	其他副总及总经理	季度培训	≥1次/年	2h/次	

4.3.3　严格受控

4.3.3.1　行为受控

行为受控是实施准军事化管理的目标所在，是通过在思想上引导、行为上约束、能力上提升、管理上规范，培养、提升各级管理干部和职工的安全意识和安全行为规范，促使企业全员在安全生产、经营管理全过程中都有规范的行为动作、标准化作业方法。

由于我们在安全生产领域普遍缺乏训练，思想认识也严重不到位，又没有好的安全行为习惯，加上"大干快上"的社会惯性短期内很难扭转，国家规定的安全培训时间和频度非常低，靠这点时间即使培训能够100%合格，也仅仅是底线，远远无法养成安全习惯。这就需要我们在日常工作中不断强化，通过管理手段、技术手段、装备手段高频度对全员安全行为习惯进行心理刻槽，滴水穿石，长期坚持，慢慢重构安全行为和习惯，使很多动态隐患能在第一时间被自主消灭，安全风险可以实现根本性降低。

通过确定梳理固化行为规范、严格培训、严格准入、有效监控、双向激励等准军事化技术，强化"违反规定的程序、标准就是错误，而不是出了问题才是错误"意识，因为领导干部、班（组）长、一线操作人员的行为受控是实现人的本质安全的必经之路。同时，通过强化环境秩序管理，创造规范、整洁、有序、高效、健康、安全的环境秩序，人造环境，环境育人。

与安全生产密切相关的四类人员可参考借鉴以下行为轨迹及行为标准。

A 一线操作人员行为约束

一线操作人员行为轨迹中，主要内容为安全教育培训、职工安全活动日、班前会、严格按程序和标准操作并实施安全确认和班后会。其中班前会、作业安全确认、班后会三个环节最重要，班前会起到信息有效传递、检查作业人员身心状态、仪式感等作用，好的班前会能提振作业人员士气，类似于战前总动员，提醒作业人员接下来需要面临的环境与之前休息期间有巨大的区别，也可以通过观察、提问、点名等手段检查大家的身心状态，还有最重要的是使得交接班的信息得到充分传递，避免失误。安全确认可以借鉴日本的手指口述，通过调动眼、耳、手、口等多器官共同活动有效避免失误带来的隐患。

员工行为轨迹视频
（可扫码观看）

a 一线操作人员日常安全生产工作管控流程

井下操作人员日常安全生产工作管控示意流程如图4-24所示。

b 班前会

新疆阿舍勒铜业股份有限公司的班前会"七步法"把班前会的各要素总结得比较到位，长期坚持能有效塑造队伍。他们的七步分别为：

（1）点名。点到要迅速站立并答"到"，声音洪亮、铿锵有力，要让大家有精神为之一振的感觉，迅速让大家提起精气神来（时间控制在1分钟之内）。

（2）互查。参会员工相互之间检查，主要检查仪容仪表、精神状态，互查完答"正常"（时间控制在2分钟之内）。

（3）传达。传达公司、部门有关文件、会议精神等。要求做到简明扼要，重点突出（根据实际情况，时间一般控制在2~3分钟以内）。

（4）通报。通报上一班质量、安全工作开展过程中存在的问题以及整改措施、防范措施等（时间控制在3分钟以内）。

（5）部署。部署当班工作任务、要求并进行分工，要求布置工作时采取要点化的方式，重点强调本日工作中需要注意的安全问题以及需要采取的预防措施等。做到条理清晰，任务、责任明确，便于员工执行（时间控制在5分钟）。

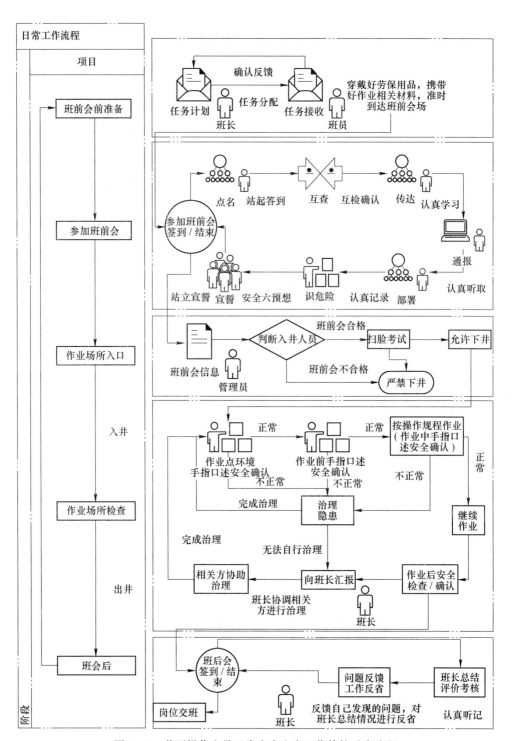

图 4-24 井下操作人员日常安全生产工作管控示意流程

（6）识危险。至少两名班员进行宣讲（岗位操作规程、白国周"六三"管理法、危险源辨识、规章制度、事故案例等），班组长点评（时间控制在 3 分钟之内）。

（7）宣誓。共同宣读安全誓言，排队上班（时间控制在 30 秒钟之内）。

图 4-25 所示为新疆阿舍勒铜业股份有限公司采掘车间新标准班会。

图 4-25　新疆阿舍勒铜业股份有限公司采掘车间新标准班会（可扫码观看）

c　作业安全确认

安全确认借鉴"手指口述"方法，即在进行某项工作时，不是马上开始，而是先通过心想、眼看、手指、口述需确认的安全关键部位，以达到集中注意力、正确操作目的的一种安全确认方法，防止判断和操作失误。推行"手指口述"安全确认，就是要把生产现场的安全管理由粗放随意向精细严谨转变，核心是促进员工养成规范安全的操作行为，不断强化安全意识，培养员工以积极的心态主动预知生产过程中的危险，并能采取合理的方法进行规避。从而避免"三违"、消除隐患、杜绝事故。

例如，新疆阿舍勒铜业股份有限公司大孔一班班前"手指口述"安全确认工作如下。

2018年6月13日，大孔一班在50北3作业，风险等级为B级，监护人：张传海 现在开始班前"手指口述"安全确认工作。

第一项：作业人员精神是否良好？

精神状态良好，确认完毕。

第二项：检查劳保用品是否齐全？

劳保用品佩戴齐全：安全帽、矿灯、护目镜、口罩、工作服、水靴、自救器、确认完毕。

第三项：作业环境安全确认：

（1）检测仪显示空气正常；

（2）照明设施完善；

（3）顶板稳固，边帮无开裂现象；

（4）作业面无积水现象；

（5）风水管悬挂整齐；

（6）采空区安全防护措施到位；

（7）大孔机摆放位置安全；

（8）文明卫生清洁，确认完毕。

第四项：确认设备安全情况：

（1）压力表正常；

（2）电压表正常；

（3）增压机减压阀正常；

（4）钻机液压油位正常。

手指口述视频
可扫描观看

d 班后会

班后会对当班的安全隐患整改、习惯性违章、不安全行为、材料定置管理、文明生产、班组员工个人履职等情况进行全面总结，使班组成员不安全行为及时得到纠正，班组成员协调、沟通、配合等工作得到巩固，有利于班组员工的安全意识、作业技能和班组团队意识进一步提高。

吉林珲春多金属公司工作总结了"班后会"三步法，值得借鉴。

> 班后会"三步法"：
>
> （1）总结。交班班长总结当班安全管理、作业质量、工作进度、成本控制情况和任务完成情况。
>
> （2）反馈。交班班长询问员工当班隐患发现情况、反"三违"情况和安全行为执行情况，发现隐患和"三违"的员工进行报告反馈。班长对发现重要隐患的员工进行全员积分的加分奖励；对"三违"人员当即落实积分考核，对不安全行为进行分析、纠正。
>
> （3）反省。通过互动的方式，交班班长组织员工对当班存在的生产问题和安全问题进行反省，提出下一步预防措施。

B 班组长管理

班组是企业一切工作的落脚点，创建安全自主管理班组，班组长是核心。班组长要通过参与安全管理制度、规程、计划的编制或修订，参与或组织班组安全活动或会议，参与或组织安全培训，参与继续教育考试，与上级积极沟通和对下属进行管控，实现班组安全建设。而班组长日常工作的行为轨迹与一线操作员类似，但在班前会、班组作业、班后会、交接班时要起到主导、协调、组织的作用。另外，班后要开展一些谈心、情绪疏通等工作，可借鉴白国周的班组工作法。

表4-7为"六个三"班组管理法实施参考标准。

表4-7 "六个三"班组管理法实施参考标准

方法	定义	适用时段	行为参考标准
三勤	勤动脑	班中	结合生产现场实际，对遇到的困难和问题勤思考，灵活运用各种方法迅速组织处理；无法处理的，在向上级汇报时提出自身的想法或建议
	勤汇报	班中班后	每班向直接领导汇报工作，特别是对发现的隐患和问题无法自行组织整改的，尤其是有可能影响下一班安全生产和工程进度的，立即向上级汇报，使上级在第一时间能掌握生产一线的工作动态，合理分工，科学调度，统筹安排
	勤沟通	班后	1. 经常将个人一些想法或建议与上级领导沟通，共同提高； 2. 与上一班和下一班人员沟通，了解施工进度和施工过程中存在的问题； 3. 经常与工友沟通，掌握班（组）员工作和生活情况

续表 4-7

方法	定义	适用时段	行为参考标准
三细	心细	班前	1. 认真参与上一班的班后会，用笔记下上一班人员指出的每一点安全注意事项，到现场时逐一确认，进行处理； 2. 在工作过程中，按照操作规程认真作业，同时检查班员的操作是否正确； 3. 关注作业周边动态环境，是否存在交叉作业、上下游工序作业等内容，做到相互提醒
	安排工作细		按"七步法"组织班前会，根据工作总体要求与当班具体要求，对工作内容进行风险识别并通报安全防范措施与注意事项、应急措施等，结合班员的性格特点，认真做好工作任务的细化与安排；同时，做好班前人员准备情况检验，确保无精神状态不良人员上岗
	抓工程质量细	班中	严格按照设计文件（图纸）组织施工，并在施工过程中进行核对，发现偏差时及时纠正
三到位	布置工作到位	班前	根据班前会工作安排，结合当班工作地点，布置工作时确保每一项要求能落实到位
	检查工作到位	班中	1. 做好对班（组）员的各项工作的检查和现场安全检查，认真逐项检查，不走过场； 2. 对于"三违"、不安全行为，当班落实积分考核，并在交接班时通报
	隐患处理到位		针对上级检查发现的或者自行检查发现的隐患，按照整改要求和时间节点，组织进行整改，按时保质完成
三不少	班前检查不能少	班前	作业前，对工作环境及各个环节、设备依次检查，排查隐患，确认上一班遗留问题，并指定专人进行整改
	班中排查不能少	班中	坚持每班对各个工作地点进行巡回检查，重点排查在岗职工精神状况、班前隐患整改情况和生产过程中的动态隐患
	班后复查不能少	班后	1. 当班工作结束后，对安排工作进行详细复查，重点复查工程质量和隐患整改情况，发现问题及时组织处理，处理不了的现场向下一班职工交代清楚，并及时汇报； 2. 按班后会标准组织班后会

方法	定义	适用时段	行为参考标准
三必谈	发现情绪不正常的人必谈	班后	注重观察工友在工作中的思想情绪，发现情绪不正常、急躁、精力不集中或神情恍惚等问题的，及时谈心交流，弄清原因，因势利导，帮助解决困难和思想问题，消除急躁和消极情绪，使其保持良好心态投入工作，提高安全生产的注意力
	对受批评的人必谈		对受到批评或处罚的人，单独与其谈心，讲明批评或处罚的原因，消除其抵触情绪
	每月必须召开一次谈心会		坚持每月至少召开一次谈心会。工友聚在一起，畅所欲言，共享安全工作经验，反思存在的问题和不足，相互学习、相互促进、取长补短、共同提高
三提高	提高安全意识	班后	每周组织开展班组安全活动，讲解事故案例，切实提高班（组）员的安全意识
	提高岗位技能		每月组织班（组）员进行技能学习，积极参与技能培训，结合工作实际，带领班（组）员提高岗位技能
	提高团队凝聚力和战斗力		1. 通过"三必谈"及日常对班（组）员的关爱，提高团队凝聚力； 2. 通过互帮互助手段，提高团队战斗力

图 4-26 所示为吉林珲春多金属公司班安全活动案例。

图 4-26　吉林珲春多金属公司班安全活动案例

图 4-27 所示为班长日常安全生产工作管控示意流程。

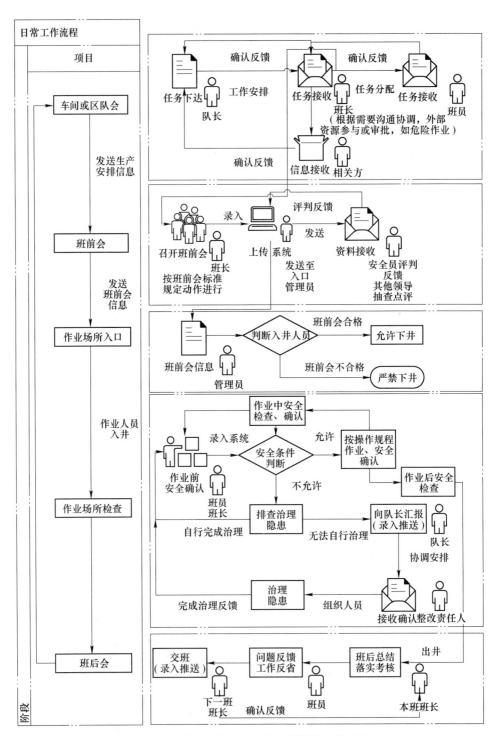

图 4-27　班长日常安全生产工作管控示意流程

C 现场安全员行为轨迹及方法

现场安全员的行为轨迹与一线操作人员不同，除参加班前会、班后会、交接班之外，还要对辖区内生产活动、事故、伤害等进行一般现场安全教育、危险作业监护、安全检查、安全巡查，并参与规程制定等工作。其具体日常管控流程如图4-28所示。

D 其他领导干部行为轨迹及方法

借鉴阿舍勒铜业公司"一线"工作法和"三清三进"工作法，要求领导干部深入一线指导交流，深入现场进行安全管理，现场探讨并解决问题，落实"一线"工作法；同时，定期总结安全生产工作，及时清理或闭合管理安全生产问题，落实"三清三进"工作法。通过以上两种方法的应用，引导领导干部带头制定和实施个人安全行动计划，让员工看到、听到、感受到领导发自内心地重视安全，起到上行下效的作用。

图4-29所示为安全管理工作成功实施各影响因素及占比。

a "一线"工作法

"一线"工作法的主要内容包括：领导干部在一线指导监督安全生产工作，带头定期到其属地部门及外协单位参与班前会、安全生产专题会议、生产现场安全检查指导、安全谈心及其他班组安全活动，与一线员工面对面交流，了解其工作、生活状况，现场指导并协助解决生产或生活难题；按风险分级管控要求定期对所管控风险进行检查；建立属地管理制度，落实属地管理安全职责。具体实施方法及要求见表4-8。

（1）参与班前会行动标准与要求。

领导干部的参与行动不得影响基层班前会召开的时间，且必须起到解决问题或指导工作的作用。各级领导干部参与班前会行动参考标准见表4-9。

（2）参与下层级安全生产专题会议行动标准与要求（厂、处级或外协单位）。上级领导干部到下级部门参与安全生产专题会议时，必须提出有一定指导意义的意见或建议，及时传达最新的相关会议或文件精神。

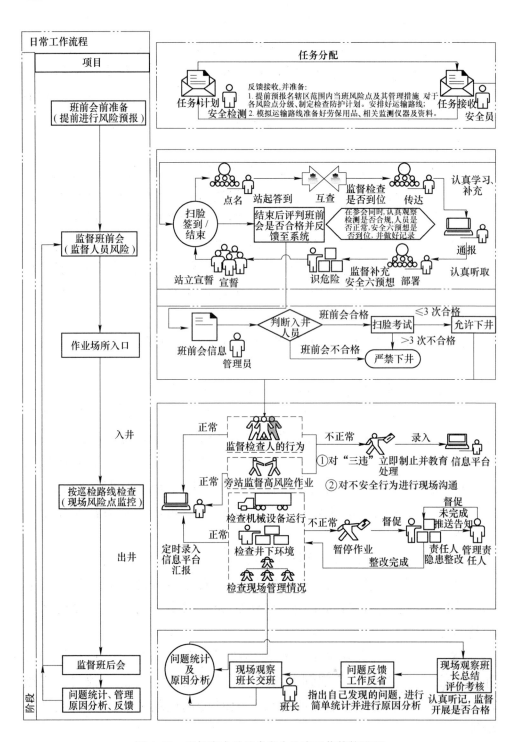

图 4-28　现场安全员日常安全生产工作管控流程

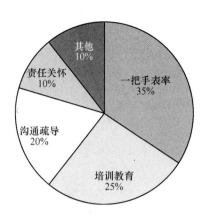

图4-29　安全管理工作成功实施各影响因素及占比

表4-8　领导干部落实"一线工作法"参考标准

序号	安全行动项目	矿长（总经理）/副总	分管副总/安全总监
1	安全专题会议	≥1 次/月	≥2 次/月
2	安全检查	≥1（副总2）次/月	≥3 次/月
3	识危害、评价和风险管控评审	≥1 次/年	≥1 次/半年
4	安全教育培训（检查）	本人≥1 次/月 （抽查≥1 次/月）	本人≥2 次/月 （抽查≥3 次/月）
5	班组活动	≥2 次/月	≥4 次/月
6	谈心活动	≥2 次/季 （副总1 次/月）	≥2 次/月
7	下井或现场带班	≥4 次/月 （副总按计划表）	≥8 次/月
8	安全行为观察和沟通	≥1 次/季	≥1 次/月
9	外协施工单位安全审核	≥1 次/年	≥1 次/半年
10	定期对管控的风险项 进行检查或跟踪	一级：每周，二级：每旬	一级：每周，二级：每旬
11	应急预演	≥1 次/半年	≥1 次/季
12	事故（事件）调查	按实际发生损工事故调查	按实际发生急救箱事件调查

表 4-9　各级领导干部参与班前会行动参考标准

会议阶段	标　准　与　要　求	适用人员
会前	会前必须有准备、有目标并提前 5 分钟到场	副科级及以上管理人员
会中	认真听取班长主持召开班前会并做好相关记录，不作发言	
会后	宣誓前，针对会议存在的问题或参会人员提出的问题提出指导意见或解决办法，发言时间不得超过 2 分钟，两位以上领导干部同时参会时，发言人数不得超过 2 人。 宣誓时，做好宣誓动作与参会人员一同进行安全宣誓	

各级领导干部参与安全生产专题会议行动参考标准见表 4-10。

表 4-10　各级领导干部参与安全生产专题会议行动参考标准

会议阶段	标　准　与　要　求	适用人员
会前	提前 5 分钟到场	厂、处级及以上管理人员
会中	认真听取主持领导主持会议并做好相关记录，不作发言	
会后	待参会主体人员发言结束后： 1. 针对会议上主持领导未解决的问题，提出指导意见或解决办法； 2. 传达最新文件或上级会议精神； 3. 肯定优点，指出不足及其解决措施。针对发言时间不得超过 5 分钟	

（3）参与生产现场安全检查指导行动标准与要求。

领导干部到生产现场进行安全检查，必须按规范穿戴好劳保用品以树立良好形象，服从属地管理的原则，不得影响生产的正常进行，发现"人—机—环"问题或隐患，要从管理方面追根溯源，评价管理方面的危险源，进行管理整改。各级领导干部参与生产现场安全检查指导行动参考标准见表 4-11。

表 4-11　各级领导干部参与生产现场安全检查指导行动参考标准

生产区域	标　准　与　要　求	适用人员
地采场、露采场、选矿车间、冶炼加工车间等	1. 穿好公司统一发放的工服、劳保鞋或雨鞋，戴好黄色或白色安全帽、符合要求的口罩、护目镜、耳塞（至地采场还须携带防砸背甲、矿灯、自救器、气体检测仪、定位卡）和记录本，严禁携带禁止物品；	副科级及以上管理人员

生产区域	标 准 与 要 求	适用人员
地采场、露采场、选矿车间、冶炼加工车间等	2. 至值班室、作业面，要服从属地管理的原则，在安全范围内检查值班人员、作业人员的工作情况，除了发现"三违"行为须当即制止和发现不安全紧急状态时须要求停止作业，其余情况原则上不得打扰正在作业人员，不得随意触动设备按钮，且应听从现场作业或管理人员的安全指挥； 3. 现场解决安全问题，发现隐患须向直管人员提出整改要求（包括整改标准、时限、责任人），并拍照和如实做好记录； 4. 每次检查必须对属地管理各个作业面、生产点、风险责任管控点进行检查	副科级及以上管理人员

（4）"安全谈心"行动标准与要求。领导干部与下级员工安全谈心，谈心地点可不确定，但必须方便行动且保证安全，认真倾听一线声音；谈心要能达到释放其工作压力或协助其解决工作和生活困难的效果，并为员工保守秘密。各级领导干部安全谈心行动参考标准见表4-12。

表4-12　各级领导干部安全谈心行动参考标准

谈心地点	标 准 与 要 求	适用人员
作业现场	1. 确保谈心双方站位安全，且不影响员工正常工作的开展； 2. 认真听取对方讲述有关问题，之后再进行耐心的讲解或指导，须纠正其错误观点，引导其向正确方向更进一步； 3. 做好记录，并定期跟踪员工相关情况的改善和反馈	副科级及以上管理人员
办公区域	1. 确保谈心双方座位平等； 2. 确保办公室无其他无关人员，认真听取对方讲述有关问题后再进行耐心的讲解或指导，须纠正其错误观点，引导其向正确方向更进一步； 3. 做好记录，并定期跟踪员工相关情况的改善和反馈	
员工宿舍	1. 确保不影响其他员工休息，尊重员工隐私生活； 2. 可多人同时进行，认真听取员工讲述有关问题后再进行耐心的讲解或指导，须纠正其错误观点，引导其向正确方向更进一步； 3. 做好记录，并定期跟踪员工相关情况的改善和反馈	

b　"三清三进"工作法

（1）日清周进。生产厂（处）、工程公司或车间的负责人，须每日组织召开早调会，安排部署当天工作，对必须立行立改的问题，列为红色问题类，做到每天清理；每周召开工作总结或安全生产调度会议，结束本周工作，安排部署下周工作，确保每周整改有进展，真正做到日清周进。

（2）周清月进。每周组织召开安全生产调度会议，对需要认真研究并多方联动的问题，列为橙色问题类，要求做到每周清理；公司（矿）、生产厂（处）、工程公司的负责人，须每月组织召开月度工作总结或安全生产调度会议，结束本月工作，安全部署下个月工作，确保每月整改有进展，真正做到周清月进。

（3）月清季进。在每月召开的工作会议上，对需要较长时间解决或与上级联动的问题，列为黄色问题类，要求做到每月清理；公司（矿）、生产厂（处）、工程公司的负责人须每季度组织召开成本分析会议，总结本季度工作，安排部署下一季度工作，确保每季度整改有进展，真正做到月清季进。

通过各级分口把关，明确"三清三进"会议组织责任人、参与人员、各项工作跟踪落实责任人与对应的时间节点，建立"三清三进"工作台账，逐级监督，环环落实，定期清理销号，形成闭环管理。

"三清三进"工作法实施参考标准见表4-13。

表4-13 "三清三进"工作法实施参考标准

序号	会议形式	召开频次	目的	召开部门及组织人
1	早调会	每天一次	日清周进 周清月进 月清季进	生产厂（处）、工程公司、车间及其负责人
2	周安全生产会议	每周一次		公司（矿）、生产厂（处）、工程公司、车间及其负责人
3	月安全生产会议	每月一次		公司（矿）、生产厂（处）、工程公司及其负责人
4	季度安全生产会议	每季一次		

E 员工日常行为规范标准（通用部分）

员工日常规范良好的生活习惯和安全意识养成，有益于培养员工规则做事和积极主动的精神，培养真正有好习惯、遵守规则的员工，营造团队精神。可结合生产实际，制定员工在企业、矿（厂）生产、生活区域的衣、食、住、行的行为标准参考，培养员工规范良好的生产作业和生活习惯和安全意识，从而高效安全地进行生产活动。

员工日常行为标准、要求（参考）：

（1）员工行为"十禁止"：

1）严禁随地吐痰，乱扔烟头、纸屑、杂物。

2）严禁在公共场所大声喧哗、追逐打闹。

3）停车时，严禁车头朝内。

4）严禁在工作场所穿拖鞋、背心，赤胸露体。

5）严禁在公共设施、墙壁上乱涂乱画。

6）严禁践踏草坪，攀折树木。

7）严禁非吸烟区吸烟，严禁酒后上岗。

8）严禁行走时看文件、手机。

9）严禁携带危险品或违禁品进入宿舍、办公区域。

10）严禁虚假考勤、工作期间做与工作无关的事项。

（2）员工行为"十必须"：

1）在厂区内必须一律按规定线路行走；两人行走必须保持成行，三人以上行走必须保持成列。

2）上下楼梯时必须扶好楼梯栏杆。

3）上岗必须穿着矿统一配发的服装，佩戴有公司（或矿）标志的胸牌或工牌，保持仪表整洁大方，言谈举止大方、自然，使用文明用语。

4）必须仪容整洁。男员工头发不盖眉、侧不掩耳、后不及领；女员工不着浓妆、超短裙。

5）必须保持属地安全、整洁，保证访客安全。

6）在驾驶或乘坐车辆时必须系好安全带，并提醒周边的同事系好安全带。

7）必须文明就餐、自觉排队、按量取餐。

8）必须崇尚勤俭节约，反对奢侈浪费，人走灯灭，随手关闭水龙头。

9）必须保证休息时间，任何人在任何一天内均不得连续工作超过14个小时，而且必须遵守班次之间至少休息10小时。

10）心理因素影响你的工作表现时，必须与主管沟通处理的方法。

员工安全行为及正确着装示意如图 4-30 所示。

图 4-30 员工安全行为及正确着装示意

4.3.3.2 环境秩序卫生标准受控

清洁就是安全，秩序就是效率。强化环境秩序管理是提升员工职业操守、安全素养、秩序意识，树立良好企业形象的重要手段。各单位须根据生产活动的目的，考虑生产活动的效率、质量等制约条件，物品自身的特殊要求（如时间、质量、数量、流程等）和属地管理特点，划分出适当的放置场所，确定物品在场所中的放置状态，明确区域管理责任人，对物品进行有目的、有计划、有方法的科学放置，并不断保持；同时，制定员工在矿（厂）生产、生活区域的衣、食、住、行的行为标准，培养员工规范良好的生产作业和生活习惯及安全意识，从而高效安全地进行生产活动。

做好环境秩序管理，具有十分重要的作用：

（1）物品有序，环境有序，可促成工作严谨、精力集中、减少差错、减少事故、减少浪费。

（2）物料整洁有序、信息准确，可防止混淆、错用和误判，减少差错，保证质量。

（3）安全良好的环境可以防止及避免意外事故的发生，安全是最大的节约。

（4）仪容工整、设备保养良好、工具物料有序、道路畅通有利于形成高效安全的作业条件。

（5）提升员工归属感、成就感、自尊感、工作爱心、耐心及对企业的认同感。

企业可结合自身实际，实施严格的环境秩序管理标准，努力实现"现场管理规范化、日常工作部署化、物资摆放标识化、厂区管理整洁化、人员素养整齐化、安全管理常态化"。有条件的企业可以借鉴"6S"管理，不断提高环境秩序管理水平。

环境秩序卫生、员工日常行为规范实施步骤参考标准见表4-14。

表4-14　环境秩序卫生、员工日常行为规范实施步骤参考标准

方法步骤	实施参考标准
1	将工作场所分区块定责任人，进行网格化的属地管理，要求将任何物品区分为有必要和没有必要的，除了有必要的留下来，其他的都消除掉，腾出空间，使空间活用，防止误用，塑造清爽的工作场所
2	结合企业实际，制定细化的《××环境秩序管理标准》，实施保障清晰的安全作业环境，用规范的图形、符号、颜色传达安健环信息的标识管理；设立规范、建立秩序的划线管理，明确定置管理的功能识别、分区原则与要求、检查与维护；保持秩序的内务管理，以保证所有场所和设施做到整洁规范；实施出入控制，确保进入作业场所的人员、车辆和物品受控的安保管理

方法步骤	实施参考标准
3	在矿（厂）区内推行"看板管理"，明确信息、指令，一目了然
4	持续做好物品摆放和看板管理，每月组织开展环境秩序大检查，对清洁维持良好的部门进行奖励，对做得差的部门及责任人进行处罚
5	编制员工行为规范管理标准，明确员工在矿（厂）区内衣、食、住、行等规范行为，如在矿（厂）区内划分行人与行车区域，按"二人成行、三人成列"的要求，员工上班、下班，员工上岗、离岗或进入厂区一律实行列队行走，培养员工规则做事和积极主动的精神，培养真正有好习惯、遵守规则的员工，营造团队精神
6	重视全员安全教育，厂（处）或车间每周组织安全教育培训，覆盖全体员工；公司（矿）每月组织安全教育培训，覆盖所有中层以上管理人员和所有安全管理人员，各级"一把手"要带头亲自授课，营造真正重视安全的文化氛围

图 4-31 所示为矿山及冶炼加工企业环境秩序卫生示例。

图 4-31 矿山及冶炼加工企业环境秩序卫生示例

4.3.3.3 工艺 (系统) 设备设施受控

工艺设备设施安全管理关注于工艺全过程和系统功能 (工艺危害、系统机械的完整性等), 以避免灾难性的事件发生, 如设备损失、人员伤害、环境破坏和健康影响; 工艺流程保持良好参数区间, 生产不受中断, 减少停工时间。

工艺设备设施安全的特点: 一是多专业, 综合工艺设计、设备管理和生产受控等多方面, 涉及工艺、机械、电气、仪表、信息、操作、安全、维护等多专业; 二是以风险管理为基础; 三是整个生命周期的全程管理, 从设计、建设、生产到最终废弃或拆除, 采取前置性策略, 保证生产过程或使用前的第一刻就是安全的, 同项目整个周期的安全管理一样进行管控, 如图 4-32 所示; 四是工艺安全, 并非成就于安全部门或安全人员, 而是工艺、机电技术专家委员会、工艺设备管理部门和岗位操作人员。

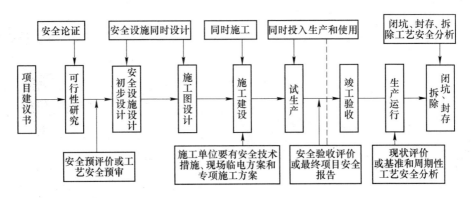

图 4-32 项目落地转化安全论证及评价流程

A 实施全面的工艺 (系统) 安全管理

根据我国《建设项目安全设施 "三同时" 监督管理办法》的规定, 建设项目安全设施必须 "三同时", 并要求对危险性大的项目委托具有相应资质的安全评价机构进行安全预评价、安全设施设计、竣工验收, 办理矿山独立生产系统、尾矿库 3 年连续安全许可证时要委托具有相应资质的安全评价机构进行现状评价。以上评价的内容和节点与国外的工艺安全管理（PSM 全过程安全管理）一致。但从目前评价的有效性来说，国内评价由资质单位进行评价，其侧重于符合性的评价。对评价的风险管控方面与后续风险管理体系融入，根据企业的工艺人员、操作人员的参与和企业重视程度的情况参差不齐，部分企业存在安全评价由安全部门联系评价机构评价完后，就搁置不理，为拿证而评价的情况。实施全面的工艺（系统）安全管理方面要注意下面几点：

（1）管理层的领导亲自参与实施是全面的工艺（系统）安全管理的关键基础。作为管理层应做到建立方针目标、投入资源、明确责任、检查制度执行情况和纠正措施、亲自参与并实施、鼓励带动涉及的工艺员工积极参与。

（2）所有管理人员和技术人员、涉及的工艺员工积极参与。应制定员工参与计划、安全要素的编制、制定和执行与员工商讨（工艺危害和可操作性分析、技术标准、操作规程、应急预案、事故调查等），有效信息应畅通，要定期检查、记录员工的参与程度。

（3）提供清晰、具体、可测定的技术标准、操作规程和非常规作业的作业票（许可）管理制度或程序、预案。

（4）超出现有设计范围的变更，必须再次进行安全评审并取得相关责任人员的批准。操作程序的变更必须记录在案，在执行操作变更前人员必须经过培训。

B　实施全过程的设备设施安全管理

设备设施管理是为保证设备设施的完整性和可靠性，对设备设施寿命周期全过程的管理，包括选择设备、正确使用设备、维护修理设备以及更新改造设备全过程的管理工作。

对企业的主要生产设备要进行综合管理，坚持规划、造型与使用相结合；预防性维护与计划检修相结合；修理、改造与更新相结合；专业管理与辅助管理相结合：做到综合规划、合理选购、及时安装、正确使用、精心维护、科学检修、安全生产、适时改造和更新，不断改善和提高企业技术装备的素质，为企业的生产发展、技术进步、提高经济效益服务。

生产设备稳定运行分布图如图 4-33 所示。

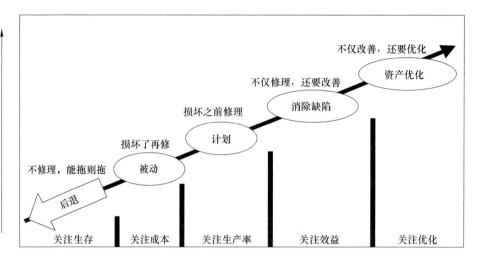

图 4-33　生产设备稳定运行分布图

4.3.3.4　利用信息化手段促进严格受控

信息产业快速发展为安全生产信息化提供了机遇，推行信息化技术，有助于安全生产的精益化管理，其作用有：

（1）梳理并固化管理方法和程序。通过信息化把安全生产管理方法和程序进行梳理并固化，可以避免员工的思想不同造成对安全生产管理方法理解产生的偏差，从而避免人为隐患的产生；同时避免因岗位的变动或人员的流失造成管理水平的波动，促进安全生产管理方法的稳步实施。

（2）实现透视化管理。企业决策者通过该系统可全面地、实时地了解企业安全生产的具体情况，给企业管理者提供一个非常好的抓手，既实现了安全管理的透视化，又实现管理者对安全生产方面的过程管理，而不是被动地听取下属员工的结果汇报。

（3）实施监测，及时纠偏。对"人—机—环—管"的风险源进行实时或定期监测，对违反作业和管理程序标准的行为、机—环风险进行预警、预控，通过明确责任、确定责任履行标准和考核标准，并通过个人履职过程的行为轨迹的记录、跟踪，通过信息化手段提醒督促，约束各责任人严格按程序、标准进行作业，自觉形成安全行为习惯。

（4）绩效评定。通过安全积分绩效及时评定和自动考评系统，让责任人员自觉各负其责，实现全员参与安全事务，人人安全的目的。

（5）分析预测预警。通过大数据统计分析实现预测、预控。运用定量或定性的安全生产预测预警技术，实现企业安全生产状况及发展趋势的安全生产预测预警，实现人员行为合规状况预测预警，及时采取有效措施，持续改进。

利用信息化手段，有效解决目前以结果为导向的传统管理模式中存在的"被动式、任务式""重事中事后、轻事前预防"的管理短板、及时性和信息不通畅等缺陷。

企业安全信息化管理平台的研发和推行是对原安全管理体系进行全面的评价和梳理，信息化只是固化安全管理体系，企业的工作量占7成，软件设计占3成。没有一个卓越的安全管理体系，信息化建设只能变成统计的平台，无法实现其功能，到头来只是个累赘。

在信息化推行中要实现以上作用，并不是简单地由软件公司开发一套软件平台就可以，关键还是在于企业主导全员参与。结合企业生产和管理实际，对安全管理和作业操作流程或程序进行全面梳理，识别关键控制点，要用具体、明确、可衡量的标准取代笼统、模糊、随意的管理要求，用精细、精准、精确操作规范代替凭想象、想当然的员工行为动作，做到事事有标准、事事有措施、事事有闭环，以实现企业整个生产运营过程、生产工艺、设备设施、作业环境、人员行为的安全风险和职业危害因素在预先辨识、评价分级和预定的管控标准下，信息沟通通畅，危险源监测、预警、预控，各责任主体预知、预控，企业和员工安全风险自辨自控、隐患自查自治，同时能够根据危害有害因素的变化进行动态调整，并持续改进。

4.3.3.5　有效激励引导标准形成习惯

有一项调查结果表明影响员工积极性的三种因素，即物质、人际关系和精神构成比分别是45.63%、32.04%、22.33%，并认为越高文化层次的员工，其自我实现的需求越强，企业要根据员工需求的层次

采取不同的激励措施。

有效的激励一定是"双向"的、及时的，不仅事后激励，同时事前激励、事中激励。要改变以"以违章罚款、事故责任处罚，一罚了事"为主的负激励管理方式，采用有效的纠错措施，如运用处罚前提供充足的警告、引导，同时突出鼓励先进、"上标准岗、干标准活"的正激励。正激励不光物质激励，更要注重精神激励，如建立和谐的人际关系、开展各种社交活动等满足归属感的需要，参与规程、管理制度制定等参与安全管理和决策满足尊重的需要，公平合理奖酬满足尊重和自我实现的需要，采取"形象激励""荣誉激励""自我实现激励"等，并通过树立安全榜样或典范，发挥安全行为和安全态度的示范作用，同时要定期对激励机制的有效性进行评价。

有效的激励一定是责权利清晰的，包括"尽职免责、失职问责"。所谓"尽职免责、失职问责"就是尽职照单免责、失职照单问责，激励各级管理者和全体员工能够履职、敢于履职，对"破窗"的管理者和员工进行问责，同时鼓励、奖励"补窗"行为。要做到"尽职免责、失职问责"，首先是明责、定责，再后才是履责、追责，从而实现安全管理从"结果管理"向"过程管理"转变，安全管理考核从"结果导向"向"过程安全"转变。同时，在实施中贯彻"自查从宽、他查从严"的原则，鼓励自我发现问题、自我改进和自我提升，真正把问题解决在基层。通过"过程管理"和"过程考核"，建立自我发现问题、自我改进问题，自我康复、自我免疫的持续改善机制，使安全管理的适应性、充分性、有效性得到持续提升。

激励方面可借鉴以下一些做法：

（1）全员安全生产积分制。全员安全生产积分制管理是通过建立员工安全绩效评估系统来调动全员主动参与的重要措施，企业在推进过程中的关键是如何把全员参与安全管理的具体方式（如参加检查、教育培训、风险辨识、安全行为合格率、发现并报告隐患或"三违"、安全会议、安全建议等具体明确的工作内容）和具体成效，通过积分（奖分和扣分）进行全方位量化考核。在考核过程中应慎用惩罚措施，避免因处罚导致员工隐瞒错误。对违章人员、积分较低的人员先采取召回学习方式处理；对严重违章和三次违章人员直接解除劳动合同。

（2）可视化技能识别制。"绿、蓝、黄、红"等四色全员技能可视化管理，可促进员工掌握岗位知识和技能、干标准岗的积极性。体现集体性和竞争性，启发荣誉感，可形成比学赶超的氛围。

树立安全榜样或典范，发挥安全行为和安全态度的示范作用。如阿舍勒铜业通过树立安全典型，每月评选出 3 名安全优秀队长、11 名安全优秀安全员、11 名安全优秀班组长、70 名安全标兵进行奖励，除经济上奖励外，公司还采取优秀班组长与安全标兵事迹张榜宣传，公司领导宴请月度优秀班组长与安全标兵，定期组织对口生产片区队长、优秀安全班组长、安全标兵外出踏青及"年度优秀班组长与安全标兵的员工家属来访探亲和同游矿区及周边景区免费"活动等。

（3）树立典型制。通过持续树立安全先进典型，总结出格式化、具体化、量化标准；通过不断总结和固化安全先进典型的做法和作业标准，不断提高标准；通过比学赶超和训练，使新标准有效转化，标准快速复制并提升。

可采用的办法很多，比如邀约参与制、责任区承包制、安全技术比武、定期谈心制等。要结合企业实际，针对性开展。

图 4-34 所示为安全先进典型评选示例。

图 4-34 安全先进典型评选示例

4.3.4　主动关怀

我们常说薪酬留人、事业留人、感情留人，人心都是肉长的，人类需要亲情。西方管理学家通过大量问卷调查研究发现，人际关系是员工流失率高低的第一指标，特别是与直接上司的关系。当生活有基本保障之后，认可与尊重将逐渐成为第一需要。人类是有限理性的社会性物种，感情要素始终是我们繁衍和发展的重要基础。人类行为受感情因素的影响巨大，感情问题不仅会影响我们的行为，还会影响到我们的内分泌。

某一线作业人员写到："刚来时看到公司的设备老化、充满油污，住宿条件差（十个人住一间宿舍），工作纪律散漫，人与人之间人情关系冷漠。领导说话颐指气使……结合初来乍到的多种不确定性，我缺乏足够的安全感，一度萌发了想要离开这里的念头。"

人类在不安的情形下，往往会寻找熟悉的东西，就如小朋友受到委屈后，往往会说："我要回家！"因为家对他而言很熟悉，他能感受到安全。要调整他人的安全行为习惯，如果无法营造出温馨的人文环境，不仅员工流失率降不下来，新的东西也很难被吸收，有可能导致形式主义泛滥的局面。见面时聊两句家常，可能就有助于改善员工的情绪。

上级以可信、尊重、平等的方式与员工沟通是必要的，需要关心员工思想动态和他们的困难，对下属安全行为进行直接指导，站在员工的角度，及时解决后顾之忧，让一线员工集中精力工作生产。

任何人都需要别人的关怀，作为管理干部需要多关注员工的精神健康，关注他们的家庭，沟通频次需保证能及时有效地舒缓员工的精神压力，帮助员工解决一些棘手的问题。这些措施可让员工带着相对轻松的心态参与高危作业，在相对愉悦的情绪下工作，工作质量可以得到更好的保障。

团队内部各层级的主动关怀，可应用"需求层次理论"（见图4-35）和"期望理论"，注重调查本企业员工需求层次结构，实施"以人为本"，有系统、有计划组织主动关怀活动。首先企业管理层要从自身和细节做起，以身作则，率先垂范，持之以恒，做出并有效实施安全承诺，感染员工、凝聚员工；通过再建立主动关怀体系，有计划地组织主动关怀活动，培养员工对企业的认同感、归属感、荣誉感和忠诚度，激发其爱岗敬业热情和安全生产的内生动力，主动参与建设互助团队安全管理。

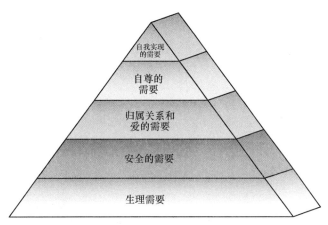

图 4-35　马斯洛需求层次理论

4.3.4.1　管理层以身作则

企业管理层要以行为和态度践行安全承诺，体现领导的安全信念和态度，只有坚守承诺，才能有效激励团队其他成员。只有发自内心地关爱员工、平等对待员工，才能有对员工的责任感和积极的态度，才能换来员工的感恩和责任；只有领导不断提高领导力，才能感染带动全员参与安全管理。合格的安全领导者所需的能力有安全领导能力、风险掌控能力、安全基本能力、应急指挥能力。

成为合格安全领导者的关键是：

（1）通过你的行动树立卓越的榜样。需要行动而不是语言，每天与员工讨论安全和健康内容，热衷于安全和健康，设定高标准。

（2）整合系统，建立组织，提供资源，了解操作。

（3）留心在你的区域提高安全水平的机会。

（4）经常沟通，灵活地沟通。

（5）采取有效的纠正措施。

（6）维持纪律，令行禁止，运用处罚前提供充足的警告。

（7）了解员工，尊重并关爱员工，强制要求参加和引导员工自发参与相结合，对积极参加实施奖励，让他们加入你的计划。

4.3.4.2　系统性地主动关怀

系统性地主动关怀包括：

（1）创造井然有序、优美整洁、体面舒适的环境。创造井然有序、优美整洁、体面舒适的矿（厂）区生活环境条件，树立属地为"家"的意识，增强属地管理责任感。

1）让员工舒适。改善员工办公环境及生活环境。"人造环境，环境育人"，通过塑造井然有序、促进遵章守纪的工作场所，树立属地为"家"的意识，增强属地管理责任感，提高员工修养，养成良好习惯。如阿舍勒公司先后出资 900 万元为两家工程公司盖员工宿舍楼，改善员工工作生活环境，让员工在轻松愉快的工作生活环境中感受企业大家庭的温馨，从而改变固有观念，自觉创造和寻求融洽和谐的环境，规范日常行为习惯。

图 4-36 所示为井然有序的矿（厂）区生活环境条件示例。

2）让员工吃好。"民以食为天"，吃的好坏，紧紧关系着员工的生活与工作。如阿舍勒公司建设了形式多样的员工食堂，有丰富的菜色及就餐方式，加强对食堂食品安全卫生的管理，持续对饭菜品种、质量进行跟踪，一定要让员工吃好饭、吃饱饭。

图 4-37 所示为矿区食堂及就餐环境示例。

3）让员工生产生活体面、便捷。如阿舍勒公司为一线作业人员提供方便的淋浴间，配套建设了洗衣房、晾衣房，让员工穿着体面上下班等。

图 4-38 所示为矿区洗衣房和淋浴房示例。

（2）创建安全、稳定的工作环境和医疗福利保障。

图 4-39 所示为矿区安全稳定的工作环境和医疗卫生保障示例。

（3）构建"职工之家"，培养员工对企业的认同感、归属感。建立和谐的人际关系，开展各种活动以满足员工的归属感，如阿舍勒公

图 4-36　井然有序的矿（厂）区生活环境条件示例

图 4-37　矿区食堂及就餐环境示例

司为矿区员工建设了亲情关怀室，为员工及其前来探亲的家属免费提供住宿；设立电影放映厅、健身房、篮球室内馆、羽毛球室内馆等；

图 4-38　矿区洗衣房和淋浴房示例

图 4-39　矿区安全稳定的工作环境和医疗卫生保障示例

为家中儿女参加中考、高考的职工，放"中考假、高考假"，给予职工陪伴儿女成长的时间；矿区设立健康咨询；引导员工开展兴趣广泛的足球比赛、羽毛球比赛等。

图 4-40 所示为矿区工友多彩生活示例。

图 4-40　矿区工友多彩生活示例

（4）让员工感到自我价值，对自己有信心。

1）持续开展"谈心"工作。上级要以可信、尊重、平等的方式与员工沟通，关心员工思想动态和他们的困难，站在员工的角度，及时解决后顾之忧，让一线员工集中精力工作生产。在对下属安全行为直接指导的同时，也要重视征求员工安全方面的建议和意见，让员工感受到领导的重视，以激发员工参与安全生产的动力。

为确保"谈心"实效，让员工真正感受上级领导的关爱，要求领导干部及班组长在与员工谈心的过程中，不拘于标准进行，要确实能与员工谈到"心"。如阿舍勒公司每月以班组为单位，组织员工"谈心会"，组织副科级及以上管理人员，开展"走进员工宿舍，送温暖活动"。

图 4-41 所示为矿区"谈心会"示例。

图 4-41　矿区"谈心会"示例

2）引导员工之间相互主动关怀，相互尊重。部队里，人与人之间的关系处处充满着浓浓的战友情，是战友们之间一起守护彼此的生命、共患难的兄弟情义，是部队大家庭文化的集体体现。而我们现场的员工在工作中同样彼此一起守护彼此的生命，一起面对风险，企业要引导员工相互主动关怀、相互尊重、互帮互助，共劳动、共提高。员工之间的相互主动关怀，是员工要相互了解家庭情况、身心状态，相互及时疏导调节负面情绪和不良状态，工作、生活上互帮互助。只有员工间真正形成了兄弟姐妹大家庭式的感情，相互主动关怀、相互尊重才会在发现自己身边的员工有任何不安全行为和缺陷时，能及时地纠正、制止和劝阻等，而不是记恨指责。比起安全管理人员的专门检查，员工之间的主动关怀更能够适时地、全面地、准确地发现和纠正工作中的不安全行为，相互间的学习和提升是最有效的。

3）帮扶员工成长。自我实现是充分发挥一个人的潜能，完成与自我能力相称的一切事情，追求自我完善的需要。如技能可视化管理中考核结果为持绿牌的人员可作为岗位骨干人选，可作为基层教练员或班组长候选人进行培养，可参与岗位及相关岗位标准、规程的编制和制定，可承担安全协调员的工作；又如每月树立安全典型，评选安全标兵、优秀安全员、优秀班组长或队长，进行表彰、经济上奖励和优待等；又如主动报告未遂事故，分析后能改进作业流程、作业标准的，应给予奖励；又如为员工提供职业规划，创造不断发展的舞台。结合实际，为优秀员工提供技能或管理培训，不断提升其自身综合素质。

图 4-42 所示为培训及奖励机制示例。

图 4-42　培训及奖励机制示例

　　阿舍勒公司在主动关怀方面有比较好的做法，这些努力最终深深地烙在了广大员工心里，也成为凝聚员工忠诚感和向心力的不竭源泉。

　　阿舍勒公司某一线操作员写到：我们深刻体会到阿舍勒铜矿对基层员工的人文关怀，各级管理人员经常进入我们的工作场所、宿舍与我们沟通，关心我们的生活，及时解决我们的困难。在员工有房住、有学习锻炼条件的基础上，矿方的工作更加细致：给宿舍美化墙壁、更换供暖设施，给员工送床单、被套，为工程公司购买洗衣机；督促后勤供给和食堂伙食改善；督促工程公司及时发放工资；禁止管理人员态度蛮横粗鲁，矿方负担工程公司员工家属探亲费用等。这些举措，使我们更加喜欢这个环境。最让我受宠若惊的是公司高层领导宴请班长聚餐，阿舍勒公司领导与我们同坐一桌，亲切地与我们交谈，主动了解我们的思想状态，询问每位员工的家庭状况，这些都是我想不到的，自古以来就没有这个先例，一位大型企业老总会和一线员工坐在一起吃饭，并能融洽交谈，可这是真的，就发生在阿舍勒铜矿。阿舍勒公司的领导层经常说："每一块矿石都是兄弟们辛辛苦苦用汗水换来的，我们当领导的就是为工人服务的，领导就是工人兄弟们的保姆，我们尽到了保姆的责任，兄弟们没有了后顾之忧，才能平平安安的搞好生产。"领导们的这些话时刻鞭策着我，我还有什么理由离开这里，还有什么理由不好好干下去呢？在这里感觉很温馨。

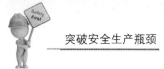

5 实 现

5.1 突破模型

要实现安全技术转化为现实生产力，需要借助很多手段，其中准军事化就是当前非常有效的一种方法。军事化首先是一套系统，这套系统可以让三流的人员在一流的系统中产生一流的战斗力。安全生产准军事化主要借鉴"准入控制、严格培训、行为控制、主动关怀"等方法突破人性的一些弱点，实现安全生产管理技术高效转化，标准快速复制提升。

安全生产管理模型如图 5-1 所示。

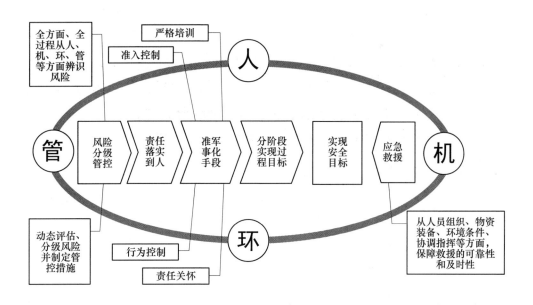

图 5-1　安全生产管理模型

5.2 聚焦

总的来说，烦琐的安全生产管理可以在实践中采取聚焦方法以提高效率和效能。

一线员工行为塑造方面，可以重点关注做好培训教育，开好班前会，做好安全确认，企业需要建立对应的评价标准。

班组长，重点是班前会、安全确认（手指口述法）、白国周班组建设方法。

安全员，重点是做好安全评价、安全积分制、安全巡查。

领导，重点是打造重视安全生产的氛围、员工行为驱动力、关爱员工。

5.3 持续改进

人类之所以能繁衍到今天，强烈的"要活下去"的本能绝对足够强大，否则早就灭绝了。这个生存本能进而可以演化出"期盼明天过得更好、不能落单、珍惜其他成员生命"等第二顺序的本能。比如，饿了，就会想方设法找东西吃；累了，就要找地方休息；冷了，就会找东西保暖或取暖；这些都是生存的需要。同时，多数人在自己进食充饥之前，会考虑自己的亲戚朋友是否挨饿；在睡觉之前，会看看孩子是不是已经睡了；取暖的时候，也会把取暖的机会与家人分享。这些行为，就是在生存本能基础上通过后天训练形成的。

人类天生都有自利的属性，再高尚的人也一样，但后天的培养和塑造可以改善这些，可以演化出利他越来越多的优良素质，这有利于群体效益最大化。这种素质的塑造过程，首先是完全依据生物机体自主反应，接着会受到群体压力的影响被动地转变，重复次数多了就会入脑入心，慢慢地转变为习惯，有些最终能深化为信仰。

安全生产也是如此，安全生产无法一蹴而就，需要不断积累、不断提升，我们需要面对现实，急功近利只能导致拔苗助长。当前我们全社会都还处于需要依赖严格监管这个阶段，内在动力不够，需要外在动力推动。打造这种外力系统时可以借鉴军事化技术。当然，军事化技术并非一味强推，还需要很多疏导，因为完全的外力是有副作用的，会遇到本能的反作用力；只有辅之以情感技术疏导，才能度过习惯调整不适的心理区间。笔者认为，通过风险辨识、评估、分级管控，再采用准军事化手段，以 PDCA 循环模式，即可不断提高安全行为，以此可建立安全生产行为模式，如图 5-2 所示。

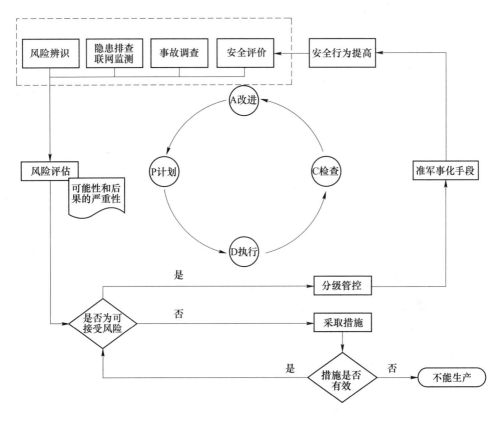

图 5-2　安全生产行为模式

外力推动到一定阶段后，量变发展到质变，养成安全习惯了，内生动力将接管，处于自觉自发状态后，安全生产管理就可以事半功倍，一些多余的管理措施也可以淡化了，安全行为动力模型如图 5-3 所示。

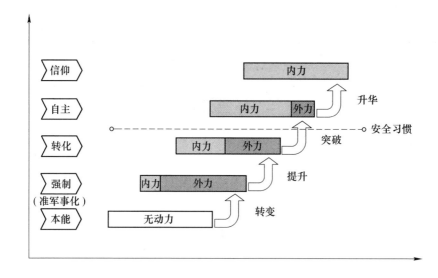

图 5-3　安全行为动力模型

5.4　系统化思维

安全生产是一个系统工程，需要人、物、机、环等各个要素的配合。本书主要阐述的是人的安全行为塑造方面的方法，对于物的不安全状态、管理缺陷、环境的缺陷关注较少。这里有两个原因，因为这三个要素与人的行为也密切相关，如果人的问题得到很好的解决，这些问题其实也会迎刃而解，人的安全行为往往是安全生产的总开关。当然，即使是这样，我们在安全生产的管理实践中，也不能忽视其他要素，特别不能忽视物的不安全状态。

安全生产可以在一个框架下，综合考虑各种要素，并借鉴军事化的系统思维、方法，突破人性弱点，实现先进安全管理技术的高效转化和人的安全本质化标准快速复制提升，达到人、机、环的和谐共处，最终把风险控制在可接受范围。

安全生产系统框架如图 5-4 所示。

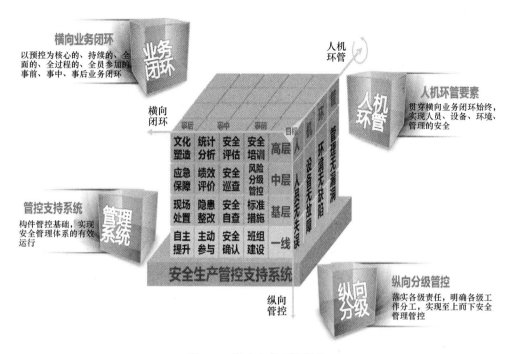

图 5-4 安全生产系统框架

参 考 文 献

[1] 中国南方电网有限责任公司 . 安全生产风险管理体系审核指南 [M]. 北京：中国标准出版社，2012.

[2] 国家安全生产监督管理总局，AQT 1093—2011 煤矿安全风险预控管理体系规范 [S]. 北京：中国标准出版社，2011.

[3] 中华人民共和国国家质量监督检验检疫总局，中国国家标准化管理委员会 . GB/T 33000—2016 企业安全生产标准化基本规范 [S]. 北京：中国标准出版社，2016.

[4] 祁有红，祁有金 . 安全精细化管理 [M]. 北京：新华出版社，2009.

[5] 祁有红，祁有金 . 第一管理 [M]. 北京：北京出版社，2007.

[6] 叶龙，李森 . 安全行为学 [M]. 北京：清华大学出版社，2011.

[7] 张雪峰 . 军事化管理在企业中的实践研究——以华为公司为例 [D]. 上海：上海交通大学，2012.

[8] 崔政斌，冯永发 . 杜邦十大安全理念透视 [M]. 北京：化学工业出版社，2013.

[9] 尤瓦尔·赫拉利 . 人类简史 [M]. 林俊宏，译 . 北京：中信出版社，2014.

[10] 中国安全生产协会注册安全工程师工作委员会 . 安全生产管理知识 [M]. 北京：中国大百科全书出版社，2011.

[11] 中国安全生产协会注册安全工程师工作委员会 . 安全生产技术 [M]. 北京：中国大百科全书出版社，2011.

[12] 中国安全生产协会注册安全工程师工作委员会 . 安全生产事故案例分析 [M]. 北京：中国大百科全书出版社，2011.

[13] 马克·舍恩，克里斯汀·洛贝格 . 你的生存本能正在杀死你：为什么你容易焦虑、不安、恐慌和被激怒？[M]. 蒋宗强，译 . 北京：中信出版社，2018.

[14] 查尔斯·杜希格 . 习惯的力量 [M]. 吴奕俊，曹烨，译 . 北京：中信出版社，2013.

[15] 卡尔·克劳塞维茨 . 战争论 [M]. 中国人民解放军军事科学院，译 . 北京：解放军出版社，1964.

[16] 中国平煤神马能源化工集团有限责任公司 . 白国周班组管理法 [J]. 企业管理，2014（4）：78~81.

[17] 任玉辉 . 煤矿员工不安全行为影响因素分析及预控研究 [D]. 北京：中国矿业大学（北京），2014.

[18] 龚声武 . 我国矿山危险性控制与安全培训体系研究 [D]. 长沙：中南大学，2010.

[19] 史轩 . 铜冶炼企业安全风险信息数据库的构建研究与应用 [D]. 天津：天津理工大学，2016.

[20] 端木沈峻，周剑，等 . 建筑工地农民工安全教育存在问题及改善思路 [J]. 宿州教育学院学报，2013，16（3）：21~23.

[21] 朱亚琼 . 建筑业农民工安全生产教育现状分析评价 [J]. 建筑安全，2015（12）：

28~31.

[22] 风马集团公司．××煤业集团煤矿本质安全管理体系培训手册［EB/OL］．［2018-12-18］．http：//www. docin. com/p-132198215. html.

[23] 风马集团公司．××煤业集团煤矿本质安全管理体系培训手册［EB/OL］．（2010-09-07）［2019-03-29］. http：//www. docin. com/p-132198215. html.

[24] 雷斯林．机长应该嘉奖，川航必须重罚［EB/OL］．（2018-05-15）［2019-03-29］. http：//www. sohu. com/a/231725661_ 358485.

[25] 中国建筑工人现状（完整版）［EB/OL］．（2014-02-17）［2019-03-29］. https：//www. douban. com/group/topic/49182989/？type=rec.

[26] 安全领域新金字塔–化工企业安全金字塔［EB/OL］．（2015-07-27）［2019-03-29］. https：//mp. weixin. qq. com/s？_ biz = MzA4NDQxMDMwOA% 3D% 3D&idx = 5&mid = 207505951&sn=88a2cff2f259cb1d45556dc27ae1ed29.

[27] 企业安全管理十个突出［EB/OL］．（2015-09-14）［2019-03-29］. http：//www. china-train. net/pxzx-glzh/71415. html.

[28] 尤里·格尼茨，约翰·李斯特．隐蔽性动机［M］. 鲁冬旭，译. 北京：中信出版集团，2015.

[29] 马歇尔·古德史密斯．习惯力［M］. 刘祥亚，译. 广州：广东人民出版社，2016.

[30] 桑德拉·切卡莱丽，诺兰·怀特．心理学最佳入门［M］. 周仁来，等译. 北京：中国人民大学出版社，2014.

[31] 斯蒂芬·罗宾斯，蒂莫西·贾奇．组织行为学［M］. 孙健敏，王震，李原，译. 北京：中国人民大学出版社，2017.

[32] 戚继光．纪效新书［M］. 葛业文，译注. 北京：中华书局，2017.

[33] 道路交通运输安全发展报告（2017）编撰部．道路交通运输安全发展报告（2017）［J］. 中国应急管理，2018（2）：48~58.

[34] 蒋星星，李春香．2013~2017 年全国煤矿事故统计分析及对策［J］. 煤炭工程，2019，51（1）：101~105.

后记：永远在路上

古人云"大道不称、大辩不言"，安全管理总括人、物、机、环、管等各环节各方面要素，牵一发而动全身，以"蝴蝶效应"来形容其复杂也不为过，其博大精深自然是不可言喻。然我仍欲借此书老生常谈几句，非无自知之明，乃有其所以：

其一者，人命至重、千金难得。用佛家的话说，此乃本书之"发心"所在。现代科学告诉我们，前生后世皆属虚妄，唯其如此，人身难得、健康无价，人人当自珍自重、切莫自轻自弃。试若不然，定要违章乱规、以身涉险，则无论死亡还是工伤，受创之时的痛楚只有亲身经历才能感同身受，事故过后的追悔莫及必然伴随终身。若这本小册子的苦口婆心能略微唤起广大员工的安全生产意识，则不枉挑灯之苦。

其二者，职之所在、责之所系。作为一名成长于紫金矿业的高级管理人员，耳闻目睹各类事故之余，心里时时泛起"做点什么"提升我们管理的冲动，但受专业背景和时间精力所限，迟迟未能理出头绪。2017年受命分管安全环保工作以后，日日夜夜都如临深渊、如履薄冰，这种冲动自是更加强烈。于是乎，借学习报考国家注册安全工程师之契机，系统地对企业内外安全管理现状及管理模式进行了调研，终使零散思考得以集结成文。

其三者，非知之艰，行之惟艰也。无论是安全生产标准化，还是风险分级管控，抑或是准军事化手段，都不是开袋即食的成品外卖，都需要结合实际转化、试行、优化、执行，这正是安全管理最为关键却最难推行的环节。纵使杜邦公司也曾于2014年11月15日在休斯敦东南拉波特地区发生工厂泄漏事故，造成4人死亡。出了问题并不代表杜邦公司不优秀，而恰恰说明理论与实践之间是有间隙的。探索高效的安全技术成果转化方法、弥补衔接认识与行动之间的间隙，正是这本小册子努力的方向。